ESCAVAÇÕES A CÉU ABERTO EM SOLOS TROPICAIS
Região Centro-Sul do Brasil

Faiçal Massad

ESCAVAÇÕES A CÉU ABERTO EM SOLOS TROPICAIS
Região Centro-Sul do Brasil

©Copyright 2005 Oficina de Textos

Capa: Malu Vallin
Diagramação e ilustrações: Anselmo T. Ávila

Dados Internacionais de Catalogação na Publicação (CIP)
(Câmara Brasileira do Livro, SP, Brasil)

Massad, Faiçal
    Escavações a céu aberto em solos tropicais / Faiçal Massad. —
São Paulo : Oficina de Textos, 2005.

    Bibliografia
    ISBN 85-86238-39-2

    1. Brasil, Região Centro-Sul 2. Engenharia de solos 3. Escavação
4. Geotécnica 5. Solos tropicais I. Título.

04-8400   CDD-624.152091309815

Índice para catálogo sistemático:

1. Brasil : Região Centro-Sul : Escavações a céu aberto : Solos tropicais :
   Engenharia geotécnica 624.152091309815
2. Escavações a céu aberto : Solos tropicais : Região Centro-Sul : Brasil :
   Engenharia geotécnica 624.152091309815

Todos os direitos reservados à
Oficina de Textos
Travessa Dr. Luiz Ribeiro de Mendonça, 4
01420-040   São Paulo   SP   Brasil
Fone: (11) 3085-7933   Fax: (11) 3083-0849
site: www.ofitexto.com.br   e-mail: ofitexto@ofitexto.com.br

Agradecimentos

O autor expressa seus agradecimentos aos engenheiros Hiromiti Nakao, Jaime Marzionna, José Álvaro B. A. Pedrosa, Julio G. Gehring, Manuel C. R. Martins, Márcio M. Soares e Urbano R. Alonso pela colaboração no preparo do relatório *Excavations in Tropical Lateritic and Saprolitic Soils*, que serviu de base para este livro e foi apresentado durante a Primeira Conferência Internacional sobre Solos Tropicais Lateríticos e Saprolíticos, realizada em Brasília, em 1985. Estes agradecimentos são estendidos aos engenheiros Antônio S. Braga, Haruko Habiru e Heinrich Karl Heinz Jr, pelas contribuições feitas então. O autor manifesta, ainda, seu reconhecimento à Escola Politécnica da USP, na pessoa do Prof. Paulo T. da Cruz, pelos incentivos e apoio proporcionados para a elaboração deste livro.

Apresentação

Às vezes na Engenharia Geotécnica tem sido mais fácil projetar uma barragem de grande porte, ou as fundações de um edifício de quarenta andares, do que se encontrar um consenso sobre a nomenclatura dos solos lateríticos e saprolíticos no local da obra.

Já desde 1985, quando da realização do 1º Congresso Internacional de Geomecânica em Solos Tropicais Lateríticos e Saprolíticos, realizado em Brasília, que o tema continua em discussão permanente, que duas posturas vêm sendo adotadas: a daqueles que insistem em nomear os solos com novas e complexas classificações e a daqueles que se propõem a estudar e compreender o comportamento destes solos e fornecer subsídios para os projetos e obras de engenharia implantadas no mundo tropical.

Faiçal Massad nos brinda mais uma vez com um trabalho de fôlego, voltado para as escavações a céu aberto, escoradas ou não, em solos tropicais da Região Centro-Sul do Brasil.

O trabalho se fundamenta em inúmeras observações experimentais, em extensa bibliografia nacional e internacional, e fornece critérios de projeto para escavações com e sem escoramento.

Discute escavações em solos porosos de baixo SPT, em taludes subverticais, que se comportam como solos rijos. O mesmo ocorre em escavações escoradas.

Discute os métodos de cálculo, confrontando métodos empíricos com procedimentos numéricos que se utilizam de parâmetros geotécnicos dos solos, muitas vezes de difícil determinação prática, por serem definidos por ensaios que não reproduzem as reais solicitações a que o solo estará submetido no campo.

Destaca a importância dos efeitos da temperatura que podem dobrar a carga total transmitida às estroncas, devida ao empuxo de terra mais o encunhamento. Propõe uma metodologia para calcular tal efeito.

Compara diagramas de pressão medidas com os diagramas propostos por autores consagrados, como Peck e outros.

A partir do Cap. 5, apresenta vários casos de escavações em solos oriundos de decomposição de rochas do Pré-Cambriano, destacando a importância das formações geológicas de origem. Mostra como conjuntos habitacionais implantados sem qualquer projeto de engenharia ficam sujeitos a acidentes com solos arenosos, os quais evoluem rapidamente com grandes prejuízos à população local, em geral de baixa renda.

Discute a seguir escavações em solos de basalto e de arenito.

Levanta no Posfácio questões pertinentes a solos tropicais, para as quais dá algumas respostas. Retorna à questão inicial desta apresentação. Adere ao grupo daqueles que buscam estudar e compreender o comportamento destes solos e sugere procedimentos, ensaios e atitudes a serem adotados diante dos problemas de engenharia que serão enfrentados.

São Paulo, outubro de 2004

Paulo T. Cruz

Sumário

	Introdução	11
1.	**Características Gerais dos Solos Lateríticos e Saprolíticos em Face de Escavações**	**13**
1.1	Generalidades	13
1.2	Solos Lateríticos	15
1.3	Solos Saprolíticos	18
1.4	Solos Sedimentares Intemperizados	20
1.5	Exploração do Subsolo	20
2.	**Métodos de Cálculos**	**22**
2.1	Escavações Não Escoradas	22
2.2	Escavações Escoradas	25
3.	**Métodos Construtivos e a Boa Prática da Engenharia**	**28**
4.	**Escavações nos Solos Sedimentares Intemperizados – Cidade de São Paulo**	**33**
4.1	Os Solos Lateríticos e Intemperizados	33
4.2	Escavações Não Escoradas	35

4.3 Escavações Escoradas: Seções Experimentais do Metrô de São Paulo 37

5. **Escavações em Solos de Decomposição de Rochas do Pré-Cambriano** 61
5.1 Considerações Gerais 61
5.2 Estudos de Casos 63
5.3 Comentários Finais 75

6. **Escavações em Solos de Basaltos e Arenitos** 78
6.1 Considerações Gerais 78
6.2 Estudos de Casos 80
6.3 Comentários Finais 83

7. **Conclusões** 84
7.1 Escavações não Escoradas 84
7.2 Escavações Escoradas 85
7.3 Exploração do Subsolo e Classificação dos Solos 86

Posfácio 87

Referências Bibliográficas 90

Introdução

O termo "escavações a céu aberto" significa cortes em taludes ou na forma de valas escoradas, com caráter temporário, para construir obras civis, total ou parcialmente enterradas, tais como metrôs, subsolos de edifícios, vertedores de barragem e similares.

Como se trata de escavações essencialmente temporárias, o risco maior se limita ao período efetivo de construção que pode coincidir com a estação de chuvas intensas e prolongadas. Entretanto, em países em desenvolvimento, algumas escavações profundas, não escoradas, podem ficar expostas anos a fio por falta de verbas para a conclusão das obras.

Escavações em solos tropicais; mas o que é um solo tropical? Evidentemente não se trata de um nome usado para identificar solos que ocorrem entre os Trópicos de Câncer e Capricórnio. Freqüentemente, o termo nomeia solos intensamente intemperizados, ricos em óxidos de ferro e alumínio. Mas nem todos os solos tropicais caem nessa categoria. Existem, por exemplo, solos tropicais que se produziram pela decomposição de cinzas e rochas vulcânicas (Sowers, 1971). Há outros, ricos em argilo-minerais do grupo das esmectitas, que costumam ocorrer nas extremidades norte e sul dos trópicos, em regiões desérticas, onde a intensidade das chuvas cai bruscamente. E, finalmente, existem os solos conhecidos por saprolíticos ou solos residuais jovens, que mantêm a estrutura original da rocha madre e que, no dizer de Vargas (1977), à vista, podem confundir-se com uma rocha alterada mas que se desmancham com a pressão dos dedos.

Este livro restringe-se apenas aos solos tropicais intemperizados, lateríticos e saprolíticos, que ocorrem na Região Centro-Sul do Brasil, mencionando de passagem e em contraponto solos alienígenas, sobre os quais estão disponíveis informações na literatura técnica. Assim, referências serão feitas a solos de países da América Central, América do Norte e Ásia. Os solos lateríticos possuem baixa atividade, face à sua composição mineralógica. Solos com esta característica ocorrem também em regiões úmidas, acima dos trópicos, como em partes do sudeste dos EUA, em latitudes onde foram protegidos da ação das glaciações (Uehara, 1982). Nestas regiões dos EUA encontram-se, com freqüência, sob sedimentos do Cretáceo, perfis completos de rochas Pré-Cambrianas intemperizadas, constituídas portanto de solos residuais e saprolíticos, sobrepostos a material de transição e rocha alterada (Deere e Patton, 1971; Peck, 1981; Wirth et al, 1982).

Em várias cidades brasileiras são freqüentes escavações em solos tropicais, às vezes sem escoramento, desde que devidamente protegidos contra a erosão e a infiltração de águas pluviais, por meio de um tratamento impermeabilizante. Na abertura de estradas de baixo custo e volume de tráfego moderado, projetam-se os taludes de corte no limite de segurança, isto é, as rupturas são toleradas. Dificilmente esta prática pode ser empregada em escavações temporárias, pois as rupturas envolvendo escavações profundas, via de regra, implicam em riscos de vida para os operários, aumentos nos custos e nos prazos para finalizar as obras permanentes. Diferentemente de problemas com taludes naturais, as áreas envolvidas são pequenas, o que permite uma prospecção mais detalhada do subsolo e os fatores potencialmente críticos podem ser identificados, eliminados ou tolerados (Lumb, 1979a).

Este livro inicia-se com uma apresentação das características gerais dos solos tropicais, lateríticos e saprolíticos, frente ao problema das escavações. Em seguida passa-se a descrever os procedimentos empregados na prática brasileira com relação à exploração do subsolo, aos métodos de cálculo e aos métodos construtivos. Apresentam-se estudos de casos sobre escavações escoradas e não escoradas, agrupados de acordo com o tipo e a origem do solo. Sempre que possível, são estabelecidas comparações com o que é feito no exterior, em condições similares. Finalmente, extraem-se algumas conclusões referentes à prática brasileira.

1
Características Gerais dos Solos Lateríticos e Saprolíticos em Face de Escavações

1.1 Generalidades

Os solos residuais desenvolvem-se em regiões onde a velocidade de decomposição das rochas é maior do que aquela na qual os produtos resultantes são removidos pela erosão, pelo movimento de geleiras etc. (Sowers, 1963). É tudo uma questão de equilíbrio entre o solo decomposto e a rocha-mãe num certo meio ambiente, intervindo fatores regionais tais como a natureza da rocha-mãe, o clima, as condições de drenagem, a topografia e os processos orgânicos. É por isso que, como bem observou Vargas (1953, 1977), qualquer classificação destes solos restringe-se às circunstâncias particulares de um determinado meio ambiente.

E mais, à pergunta "o que é um solo tropical", Vargas (1985) responde, num contexto de Brasil-país-continente, propondo um enfoque fenomenológico que tem como ponto de partida os mapas disponíveis, seja o de distribuição dos solos, sejam o geológico e o geomorfológico, analisados em função das zonas climáticas. Dessa combinação emergiram seis divisões no mapa geomorfológico do Brasil, em cujos perfis de intemperismo Vargas distinguiu quatro horizontes ou "zonas", acima do topo de rocha sã e fissurada.

Por simplicidade e pelo fato deste livro ater-se à Região Centro-Sul do Brasil, será utilizada a subdivisão dos perfis de intemperismo em três horizontes, proposta anteriormente por Vargas (1977), a saber, os solos residuais maduros;

os solos saprolíticos e os blocos de material alterado (ver as Figs. 1.1 e 1.2). Os solos residuais maduros são os solos que perderam toda a estrutura original da rocha-mãe e tornaram-se relativamente homogêneos; quando estas estruturas, ditas reliquiares, que incluem veios intrusivos, juntas, xistosidades etc., se mantêm, mas sem consistência, tratam-se de solos saprolíticos. Os blocos de material alterado correspondem ao horizonte de rocha alterada em que a ação do intemperismo progrediu ao longo das fraturas ou zonas de menor resistência, deixando intactos grandes blocos da rocha original, envolvidos por solo. Esta

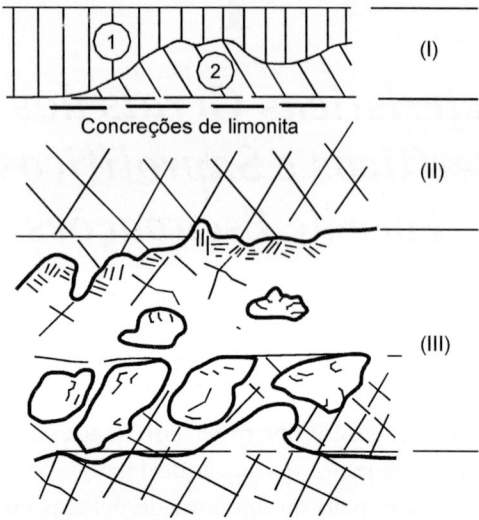

Fig. 1.1 *Solos de alteração na Região Centro-Sul do Brasil: (I-1) solo coluvionar; (I-2) solos residuais maduros; (II) solos saprolíticos e (III) blocos de material alterado (apud Vargas, 1977)*

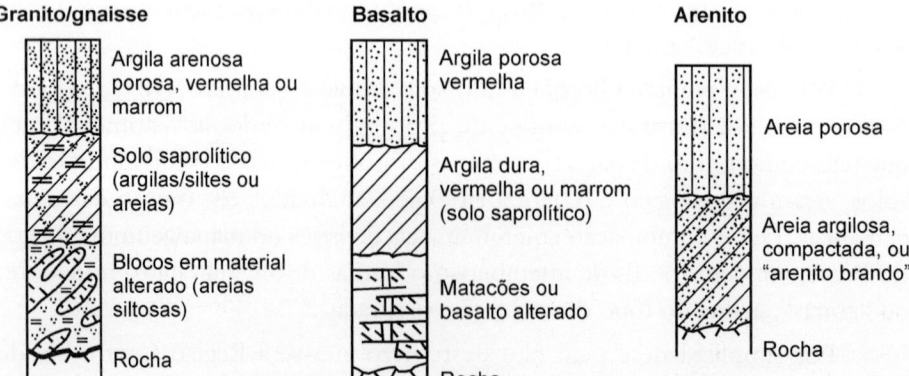

Fig. 1.2 *Perfis de intemperismo na Região Centro-Sul do Brasil (apud Vargas, 1977)*

classificação é mais simples que outras, propostas por exemplo por Little (1969) ou Deere e Patton (1971), e é pragmática, no sentido sugerido por Mello (1972) de subdividir o perfil em apenas três horizontes básicos.

Para um clima tropical úmido, a dependência dos solos de alteração em relação à rocha matriz pode ser ilustrada da seguinte forma (ver a Fig. 1.2):

a) os granitos, constituídos pelos minerais quartzo, feldspato e mica, decompõem-se dando origem a solos micáceos, com partículas de argila (do feldspato) e grãos de areia (do quartzo);

b) os gnaisses e micaxistos geram solos predominantemente siltosos e micáceos;

c) os basaltos, constituídos de feldspatos, alteram-se essencialmente em argilas;

d) os arenitos, que não contêm feldspato nem mica, mas sim quartzo cimentado, decompõem-se liberando o quartzo e dando origem a solos arenosos.

Nas regiões do Pré-Cambriano, como as da Serra do Mar e da Mantiqueira, ocorrem os solos residuais de gnaisses, micaxistos e granitos; já no interior do Estado de São Paulo encontram-se os solos de alteração de basalto, as terras roxas (argilas vermelhas) e, de arenito, os solos arenosos finos.

Quando o solo residual é transportado pela ação da gravidade, como nos escorregamentos, a distâncias relativamente pequenas, recebe o nome de solo coluvionar, coluvião ou tálus. Em geral estes solos encontram-se no pé das encostas naturais e podem ser constituídos de solos misturados com blocos de rocha.

1.2 Solos Lateríticos

É interessante notar que, ao adotar a regra geral de classificar os solos conforme o último processo de sua gênese, Vargas caracteriza o primeiro horizonte como evolução pedogênica, isto é, que esteve submetido a uma complexa série de processos físico-químicos e biológicos que governam a formação dos solos superficiais, situados acima do lençol freático. E não é só, incluiu também neste horizonte solos coluvionares e sedimentares que sofreram este último tipo de evolução. Como se sabe, esses processos pedológicos compreendem a lixiviação de sílica e bases e mesmo de argilo-minerais das partes mais altas para as mais profundas, deixando na superfície um material rico em óxidos hidratados de ferro e alumínio. Pode-se dizer, por isso mesmo, que estes solos superficiais são solos "enferrujados".

Os solos porosos da Região Centro-Sul do Brasil, oriundos da decomposição de gnaisses, granitos, arenitos ou basaltos (ver a Fig. 1.2), foram formados dessa maneira, resultando, na maioria dos casos, em solos lateríticos, de granulometria arenosa ou argilosa, dependendo da rocha-mãe (Vargas, 1953, 1973 e 1974). Na cidade de São Paulo encontram-se depósitos com características de solos lateríticos argilosos (ver a Fig. 1.3), de origem sedimentar, muito similares às argilas porosas vermelhas de basalto (Vargas, 1974). Além dos óxidos de ferro, alumínio etc., os solos lateríticos contêm também quartzo na fração areia e caolinita na fração argila, o que lhes confere uma baixa atividade (Grim e Bradley, 1963; Uehara, 1982).

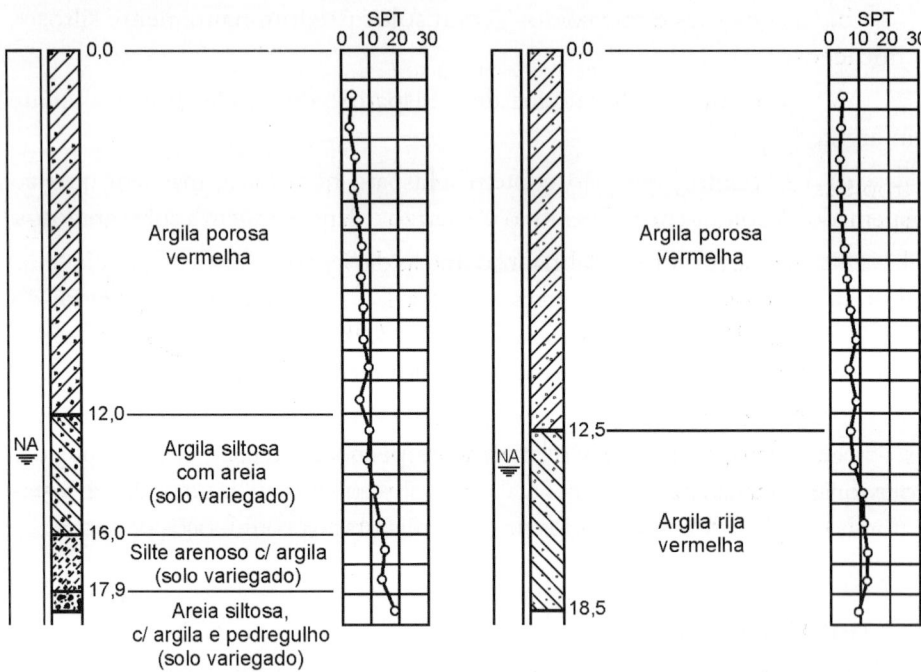

Fig. 1.3 *Condições típicas do solo superficial das partes altas da cidade de São Paulo*

Utiyama et al (1977) estudaram os solos arenosos finos que ocorrem em vastas áreas do Estado de São Paulo e regiões limítrofes. Após lembrar que a laterização é "um processo pedológico peculiar às partes bem drenadas do subsolo de climas quentes e úmidos", acabaram por adotar uma conceituação restritiva, com cunho mais tecnológico. A laterização seria então um processo que confere ao solo uma elevada concentração de óxidos hidratados de ferro e de alumínio, que leva à predominância da caolinita como argilo-mineral (quase sempre exclusivo) e imprime ao mesmo macro e micro-estrutura porosas, sobretudo em sua parte argilosa. Reconhecem que os processos geológicos e pedológicos podem atuar simultaneamente e constataram não existir necessariamente uma relação genética direta entre a rocha e o solo arenoso fino sobrejacente, que poderia ter origem sedimentar ou transportada.

Com este ponto de vista não concorda Little (1969), por achar que houve abuso no emprego do termo laterita, que se estendeu para solos vermelhos residuais e transportados, inclusive aluviões. Acaba por sugerir o abandono do mesmo, nomeando o solo com a palavra residual, seguida do nome da rocha-mãe. É interessante notar que aparentemente Lumb (1962) também evita o uso do termo: ao descrever a formação dos solos residuais de granito de Hong Kong, usa o nome "argila vermelha" para designar o solo superficial de espessura pequena (cerca de 0,5 a 1 m), que corresponde ao estágio final de decomposição da rocha-mãe.

Nogami e Villibor (1981) apresentaram um sistema de classificação de solos tropicais, denominado MCT, que permite diferenciá-los em lateríticos e não-lateríticos, com base em ensaios de compactação e de perda de massa por imersão. Ignatius (1991) propôs um índice, baseado exclusivamente no primeiro desses dois ensaios, para atestar comportamentos lateríticos. Este índice foi utilizado com sucesso por Sousa Pinto et al (1993) na análise de mais de meia centena de amostras indeformadas de colúvios, sobrejacentes a basalto, de ocorrência generalizada no interior do Estado de São Paulo.

A composição mineralógica e a estrutura dos solos lateríticos influem em muito em suas características e propriedades geotécnicas. A ação combinada da lixiviação e da cimentação das partículas é responsável pela formação de agregados e pela estrutura porosa (Vargas, 1953, 1973 e 1974; Gidigasu, 1974), o que em geral resulta num solo com elevado índice de vazios, elevada resistência contra a ação erosiva das águas pluviais e alta permeabilidade. Podem suportar escavações de até 10 m de altura praticamente verticais, sem a necessidade de escoramento. No entanto, os seus macro-poros conferem-lhes uma elevada compressibilidade, além de serem solos colapsíveis, isto é, sofrem deformações bruscas quando saturados sob carga. O índice de vazios é a característica mais importante desses solos, como mostrou Massad (1985a) para as argilas vermelhas porosas e argilas vermelhas rijas da cidade de São Paulo: além de seu uso na diferenciação desses dois solos lateríticos, este índice exerce influência decisiva nas propriedades de compressibilidade e resistência. Sousa Pinto et al (1993) corroboraram a importância de propriedades de estado, como o índice de vazios e o grau de saturação, no comportamento dos colúvios laterizados, citados anteriormente.

Finalmente, outra característica desses solos é a heterogeneidade, tanto horizontal quanto vertical, apesar de apresentarem aspecto visual bastante homogêneo e uniforme (Nogami, 1977). Mitchell et al (1982) chegam a mencionar até alteração na composição mineralógica e na estrutura em zonas destes solos, situadas em pequenas distâncias entre si, face à intensa atividade geoquímica.

1.3 Solos Saprolíticos

Ao descrever a composição mineralógica dos solos saprolíticos, oriundos de rochas ígneas e metamórficas, Sowers (1963) relaciona como predominantes o quartzo, argilo-minerais, feldspatos parcialmente decompostos e mica. Dentre os argilo-minerais cita a caolinita, a haloisita, a gibsita e, ocasionalmente, a montmorilonita e lentes de ilita, produtos da decomposição de diques de rochas básicas.

Grim e Bradley (1963), ao estudarem a composição mineralógica de solos de decomposição de gnaisse e arenito da Região Centro-Sul do Brasil, constataram a predominância da caolinita na sua fração argila, além de quartzo e óxido de ferro. Nas partes mais profundas do perfil de solo de arenito, abaixo de 12 m, montmorilonita e argilo-minerais de três camadas constituíam a fração argilosa do solo. Para o saprólito de gnaisse, a caolinita resultou, provavelmente, da alteração da mica; para o solo residual de arenito, sugeriram a possibilidade da montmorilonita ser um estágio intermediário na formação da caolinita. Outras análises citadas por Vargas (1974) mostraram, também para o basalto, a predominância da caolinita nas partes mais altas do perfil de subsolo e da montmorilonita nas partes mais profundas.

Os diques de rochas básicas são particularmente problemáticos, de difícil detecção por meio de sondagens, e que podem expandir pela absorção de água, provocando movimentação e mesmo escorregamentos de taludes naturais ou de escavações. Muitas vezes estes solos contêm juntas ou fraturas, que são também responsáveis por estes tipos de fenômenos. Estas juntas ou fraturas são preenchidas com material de decomposição da rocha-mãe e apresentam-se, por vezes, com estrias (*slickensides*) formadas por expansão não uniforme da rocha em decomposição (St. John et alii, 1969), se bem que o alívio de tensões pode estar na origem do fenômeno. Existe também a possibilidade dessas estrias serem muito antigas, associadas a movimentos no maciço rochoso, antes da sua decomposição (Wolle, 1985).

Ainda segundo Sowers, outra característica destes solos é que podem ser micáceos, com porcentagem de mica variando de 5 a 25%, de tipos e tamanhos variados. Partículas micáceas orientadas podem representar também planos de maior fraqueza, responsáveis por escorregamentos. Sousa Pinto et al (1991 e 1993) destacam o baixo valor da resistência residual de solos de decomposição de migmatito, face à presença de mica na sua fração siltosa: o ângulo de atrito residual pode assumir valores tão baixos quanto 16°-19°, que cai para 8°-11° em planos de xistosidade, mesmo quando muito arenosos.

Os solos residuais nunca são homogêneos (Vargas, 1974), devido à complexidade dos processos físico-químicos de decomposição; ao tipo e textura da rocha (inclusive argilo-minerais presentes); à estrutura do maciço rochoso (dobramentos, falhas, intrusões etc.); às variações na umidade e no grau de saturação; à anisotropia advinda de laminações, xistosidades ou orientação dos minerais na rocha-mãe, entre outros fatores. Sousa Pinto et al (1991) forneceram detalhes minuciosos sobre a heterogeneidade e a anisotropia de solo siltoso e micáceo, da cidade de São Paulo, oriundo da decomposição de migmatito. A heterogeneidade se manifestava num mesmo bloco de amostra indeformada, que apresentava ora materiais distintos, ora variações acentuadas no índice de vazios. Resultante da folheação, característica marcante desse solo, a anisotropia condicionava os planos de ruptura nos ensaios triaxiais.

Além da macro-estrutura herdada da rocha-mãe, estes solos apresentam, por vezes, micro-estrutura constituída por arcabouços de mica e quartzo, resistentes à decomposição, preenchidos por feldspatos. As partículas de mica e quartzo podem manter uma certa coesão residual, também herdada da rocha-mãe. Este tipo de micro-estrutura foi descrito por Lumb (1962), para solos de alteração de granitos de Hong Kong, e por Vargas (1974), para solos brasileiros, com pequenas variações. Segundo este último autor, o "esqueleto" assim formado seria responsável pela elevada resistência destes solos e o seu comportamento não expansivo durante o cisalhamento.

A resistência drenada é composta de atrito e de coesão, esta última resultante de contatos entre minerais, herdados da rocha-mãe e de alguma cimentação entre partículas do solo, oriunda de óxidos de ferro (St. John et alii, 1969). A cimentação tem papel importante no comportamento mecânico dos solos em geral e, em particular, dos solos residuais, como mostraram Vaughan (1985), Lerouiel e Vaughan (1990) e Sousa Pinto et al (1991). Os dois aspectos – natureza particulada e estrutura cimentada – podem ter peso equivalente nas propriedades dos solos residuais, aproximando-os de solos sedimentares estruturados e das rochas brandas.

Assim, embora o índice de vazios possa ser alto, devido à expansão que acompanha a decomposição, estes solos são geralmente muito resistentes, a ponto de permitirem escavações verticais profundas sem escoramento.

Como já foi enfatizado, na prática brasileira já estão disponíveis alguns trabalhos com resultados de estudos sobre a resistência ao cisalhamento de solos residuais brasileiros. Dentre eles citam-se novamente os dois trabalhos de Sousa Pinto et al (1991 e 1992), em que foram feitas análises aprofundadas: a) no primeiro, de solo saprolítico de migmatito, da cidade de São Paulo; e b) no segundo, de mais de duas centenas de amostras indeformadas de solos residuais do interior do Estado de São Paulo, derivados de basaltos, migmatitos, argilitos, entre outras rochas, submetidas a ensaios geotécnicos. Os autores reconhecem as limitações no uso de parâmetros geomecânicos determinados em laboratório "face a peculiaridades geológicas não refletidas nos ensaios". Apesar dessa restrição e das dificuldades interpostas pela heterogeneidade desses solos e pela limitação quanto ao número de amostras ensaiadas, são enfatizadas as tendências de variação da resistência ao cisalhamento efetiva em função de propriedades índice e de estado, para algumas das unidades genéticas estudadas (basaltos, migmatitos, argilitos etc.).

1.4 Solos Sedimentares Intemperizados

Apesar de não serem solos residuais, certos solos sedimentares sofreram a ação do intemperismo, que deixou marcas indeléveis como a coloração variegada. Tais solos serão objeto de análises, pois, com o nome de solos variegados, preenchem grande parte da bacia sedimentar da cidade de São Paulo. Ao longo da costa atlântica da Região Centro-Sul do Brasil existem outras bacias sedimentares como esta, merecendo destaque a de Taubaté, bastante parecida com a de São Paulo. Características geotécnicas desses solos podem ser encontradas em Massad et al (1992) e serão apresentadas com algum detalhamento adiante.

1.5 Exploração do Subsolo

Os solos lateríticos são descritos e submetidos a ensaios por procedimentos usuais da Mecânica dos Solos, porque são bem mais estáveis e homogêneos do que os solos saprolíticos, o que acarreta maior facilidade no seu manejo. No caso de obras a serem construídas em locais bem definidos é possível, por meio de sondagens de simples reconhecimento, com extração de amostras, ter uma idéia precisa das dificuldades que poderão ser enfrentadas nas escavações.

Na medida em que se trata de solos saprolíticos e de materiais de transição, é muito importante uma descrição qualitativa que tente avaliar, da melhor forma possível, a amostra tal como se encontra *in situ* (Mello, 1972). Isso ajuda a determinar as ferramentas de escavação e permite, por exemplo, avaliar as conseqüências de percolação de água na estabilidade das faces dos cortes (Peck, 1981). Tais descrições complementariam informações quantitativas provenientes dos ensaios mecânicos e são necessárias devido à grande variabilidade destes solos, em que podem coexistir, lado a lado, solos e blocos de rocha. De fato, o enfoque tradicional de sondagens de simples reconhecimento, com extração de amostras, ou sondagens rotativas, com extração de testemunhos de rocha, não é suficiente para atender a estas exigências. É necessário abrir poços para inspeção e a realização de ensaios *in situ*.

Mello (1972) recomendou o uso preferencial de amostradores tipo Denison ou Pitcher (barrilete triplo), e a realização de ensaios de campo, tais como o ensaio do cone (CPT) e ensaios pressiométricos, evitando-se, assim, os efeitos prejudiciais de alívio de tensões que ocorrem em amostras "indeformadas", extraídas na forma de blocos. Também é interessante mencionar as tentativas de medições do coeficiente de empuxo de terra em repouso, efetuadas no fundo de poços, utilizando-se técnicas emprestadas da Mecânica das Rochas. Mas a prática tem revelado uma outra tendência, como mostrou Wolle (1985) ao apresentar cerca de treze casos de obra envolvendo a estabilidade de taludes, no Brasil e no exterior, em que houve indicação do tipo de amostragem nelas efetuadas: em nove casos foram extraídos blocos de amostras indeformadas e, em apenas três, amostras Shelby e Denison.

Outra questão que se coloca é a eficácia dos trabalhos geológicos de campo para detectar descontinuidades nos solos saprolíticos, as quais foram responsáveis em geral por pequenos mas numerosos escorregamentos e movimentos de terra no Brasil e no exterior.

2
Métodos de Cálculo

Ao se projetar uma escavação, evidentemente, a primeira escolha recai em escavações não escoradas, quando há espaço para elas e não há edificações nas imediações da obra. Exemplificando, na periferia da cidade de São Paulo, onde o subsolo é laterítico ou saprolítico, a expansão urbana ocorreu com loteamentos e conjuntos habitacionais que ocuparam amplas áreas submetidas a escavações não escoradas, em regiões de morrotes. Mesmo edifícios de grande porte foram construídos dessa forma, sem restrições quanto aos cortes que, via de regra, não foram escorados.

É claro que quando se trata de regiões densamente povoadas, como o centro da cidade de São Paulo, freqüentemente é preciso escorar as escavações, em geral profundas, pois vários níveis de subsolos têm que ser construídos dada a valorização dos terrenos e a necessidade de áreas para o estacionamento de veículos.

2.1 Escavações não Escoradas

Na prática brasileira, há um certo ceticismo com relação à aplicação de métodos de cálculo rigorosos, a não ser nos casos em que o subsolo é relativamente homogêneo ou quando a obra é de muita responsabilidade, ocasião que permite prospecções detalhadas do subsolo.

Vargas (1966) mostrou que é possível realizar cálculos de estabilidade de taludes naturais e de cortes, desde que se ensaiem adequadamente os solos residuais de rochas ígneas ou metamórficas. Suas análises referem-se à Região Centro-Sul do Brasil, onde se situavam as obras enfocadas. Neste aspecto, menciona-se o primeiro escorregamento de talude que ocorreu durante a construção, na encosta da ombreira esquerda, do vertedor da barragem de Euclides da Cunha (Fig. 2.1), em época seca, portanto sem saturação e sem que se desenvolvessem pressões neutras positivas. O evento foi provocado por um corte, num ângulo de 53° (talude 3V:2H). A partir da superfície de escorregamento, observada no local, de ensaios de laboratório e de retroanálise, Vargas mostrou que a grande quantidade de blocos, remanescentes numa matriz de solo areno-argiloso, não afetou significativamente a estabilidade do talude. Esse caso será abordado mais adiante, no contexto das escavações em solos de decomposição de rochas do Pré-Cambriano.

Tem se enfatizado o método observacional, valendo-se dos conhecimentos da geologia, da geomorfologia e da engenharia geotécnica, numa palavra, da geologia de engenharia, como ferramenta para o projeto de taludes de cortes (Brand, 1982; Kanji, 2004). As razões para este procedimento estribam-se na carência de conhecimentos sobre as propriedades de engenharia desses solos e

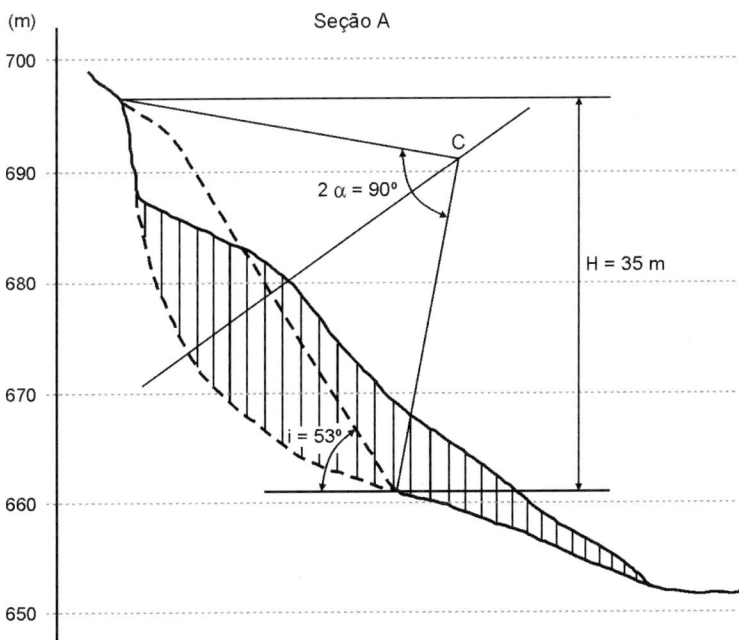

Fig. 2.1 *Primeiro escorregamento de Euclides da Cunha, em 18/07/1956 (apud Vargas, 1966)*

sobre o seu comportamento em obras. Acrescente-se a isso a sua extrema heterogeneidade, com juntas reliquiares, o que dificulta a amostragem e ensaios representativos. Há muito, Deere (1957) e Queiroz (1965) descartaram a possibilidade de se calcular o coeficiente de segurança em tais situações. Eis porque Brand afirma que os métodos semi-empíricos são úteis, assinalando, entretanto, sua preferência pelo que denominou de "avaliação do terreno" (*terrain evaluation*), que implica no uso de fotos aéreas, na elaboração de mapas de riscos etc.

Na prática brasileira, a utilização da Cartografia Geotécnica é relativamente recente, provavelmente a partir da década de 1980. Neste sentido, tem havido um esforço, como na área da Grande São Paulo, visando à racionalização do uso e ocupação do solo por loteamentos e conjuntos habitacionais. Terrenos são classificados em unidades homogêneas, de acordo com as características físicas (geológicas e geotécnicas) relevantes, e são avaliados, por exemplo, como terrenos estáveis ou instáveis para taludes de corte. Vários mapeamentos geotécnicos já foram realizados, visando: a) o uso e a ocupação do solo, como o elaborado por Rodrigues et al (1993) para a Região Centro-Leste do Estado de São Paulo; b) a implantação de rodovias do Estado de São Paulo (IPT, 1991, citado por Gaioto et al, 1993). Neste último caso são apresentados num mapa, para as diversas unidades geotécnicas em que o Estado foi subdividido, os locais sujeitos a escorregamentos em corte e as suas prováveis causas: inclinação acentuada dos taludes, descontinuidade do maciço, saturação, processos erosivos em evolução etc.

Regras empíricas, envolvendo recomendações quanto à inclinação, à altura de talude, à drenagem e ao controle das águas de chuvas, por exemplo, são um procedimento tradicional no exterior (Flintoff et al, 1982) e são estabelecidas de acordo com os tipos de solos. Elas podem ser incluídas na categoria "Projeto segundo Precedentes", recomendado por Deere e Patton (1971) para solos residuais, desde que existam condições climáticas, geológicas e topográficas similares. Todavia, eles advertem do perigo de se usar este procedimento em situações de cortes profundos, em locais geologicamente complexos. Este perigo pode ser contornado por meio de explorações de sub-superfície e acompanhamento da construção por pessoal experiente, constituindo o que estes autores denominaram "Projeto Segundo Precedentes Modificado".

Procedimentos de projeto com baixos coeficientes de segurança, que são válidos para cortes em estradas de baixo custo e tráfego moderado, ou que envolvam riscos de ruptura, dificilmente poderiam ser aplicados a obras de escavação em zonas urbanas, a não ser em situações muito particulares. Entretanto, este enfoque foi usado no Brasil, em algumas escavações para a construção de vertedores de barragens, como se verá adiante.

2.2 Escavações Escoradas

Uma vez definidos o método construtivo e o sistema de escoramento, a análise completa da estrutura para as escavações escoradas compreende cálculos de verificação da estabilidade e cálculos de dimensionamento, feitos de forma independente. A garantia de segurança da obra depende da ficha, isto é, do menor comprimento da parede de contenção enterrada no solo, abaixo do fundo da vala, obtido por meio de análises da estabilidade global, da estabilidade do fundo da vala e da estabilidade da própria parede de contenção.

Detalhes mais aprofundados sobre estes procedimentos de cálculo podem ser encontrados nos trabalhos de Souto Silveira (1974), Marzionna (1978 e 1979); Marzionna et al (1998) e Ranzini et al (1998). Na seqüência serão abordados apenas os problemas de pressões de terra contra a parede de escoramento, a estabilidade do fundo da vala e a estimativa de recalques nas imediações da vala.

Pressões de terra contra paredes de escoramentos

Os métodos de análise dividem-se em três grupos:

a) métodos empíricos, baseados em resultados das medições de campo;

b) métodos semi-empíricos que, com base em formulações teóricas aproximadas e dados empíricos, adotam diagramas de pressões de terra em ambos os lados da parede de contenção, ativo, em repouso ou passivo, pressupondo, portanto, o modo de deformação da estrutura;

c) métodos analíticos ou numéricos, que admitem conhecidos o estado inicial das tensões (ou seja, as tensões existentes no solo depois que a parede foi instalada) e as propriedades do solo, inclusive as relações tensão-deformação. São conhecidos por métodos das deformações e costumam ser denominados "métodos evolutivos" quando levam em conta as fases de construção.

Baseados em estudos de caso, Twine e Roscoe (1997) se referem ao uso de métodos empíricos no Reino Unido como rápidos e fáceis, proporcionando valores conservadores para as cargas nas estroncas, em escavações temporárias. Métodos de deformação, com o recurso do Método das Diferenças Finitas, ou dos Elementos Finitos, ou ainda dos Elementos de Contorno, são mais adequados para estruturas de contenção mais complexas, nas quais o tamanho ou a complexidade da escavação se situa fora do âmbito dos estudos de casos experimentais, isto é, em que houve medições de campo. Mas têm levado a cargas nas estroncas sobre-estimadas, como mostra a Tab. 2.1 extraída de Twine e Roscoe (1997). Até mesmo para estas estruturas mais complexas, os métodos empíricos podem fornecer estimativas preliminares das cargas, a serem confirmadas por cálculos mais refinados, utilizando estudos de caso para a sua calibração.

Tab. 2.1 *Comparação entre cargas medidas e calculadas (apud Stroud et al, 1994, citado por Twine e Roscoe, 1997)*

Caso de obra	Tipo de parede	Número de estroncas instrumentadas	Cargas medidas nas estroncas (kN)	Relações entre as cargas medidas e as calculadas
55 Moorgate (Londres)	Estacas justapostas secantes	6	625 a 1.090	16 a 28%
Almack House (Londres)	Estacas justapostas secantes	15	0 a 1.180	0 a 36%
A406 Chingford (Londres)	Estacas justapostas contíguas	10	450 to 1.600	28 a 82%
A406 Chingford (Londres)	"Wedge excavation"	4	450 a 700	19 a 39%
A406 Chingford (Londres)	Parede diafragma	6	1.400 a 2.200	70 a 137%
A12/M11 Hackney (Londres)	Estacas justapostas secantes	5	623 a 1.395	51 a 83%

Há muito se sabe que a grande dificuldade no uso desses métodos de análise, sejam os tradicionais ou os modernos, reside nos detalhes construtivos do escoramento (seqüência de escavação e escoramento, tempo de espera para instalação das estroncas etc.), que acabam por afetar significativamente as cargas nas estroncas. Essa dificuldade foi confirmada recentemente por Batten e Powrie (2000), ao estudarem escavação a céu aberto, em estação metroviária de Londres, pelo Método dos Elementos Finitos.

Como se verá adiante, na prática brasileira já há algumas medições de campo para os solos lateríticos e solos sedimentares intemperizados da cidade de São Paulo, que permitem o uso de métodos empíricos, do tipo "envoltórias de pressão de terra aparente", e métodos semi-empíricos. E mais, possibilitaram também um tratamento racional ao efeito da temperatura nas cargas das estroncas, com a proposta de diretrizes para o projeto, que foram adotadas pela Cia do Metropolitano de São Paulo (1980). Esse assunto tem sido objeto de preocupação e consideração por parte de engenheiros geotécnicos ingleses (veja, por exemplo, Stroud et al, 1994 e Twine e Roscoe, 1997).

Modelos unidimensionais, que se valem do método evolutivo (Maffei et al, 1977; Marzionna, 1984) e do Método dos Elementos Finitos (Eisenstein et al, 1982) foram empregados em solo intemperizado do terciário da cidade de São Paulo (argila siltosa com areia, muito dura) sobreposto a um solo residual. A dúvida que permeia a aplicação de tais métodos analíticos refere-se à representatividade dos parâmetros geotécnicos dos solos, sejam eles de resistência ao cisalhamento, de módulo de deformabilidade, de coeficiente do empuxo de terra em repouso etc., obtidos através de ensaios convencionais que, na grande maioria dos casos, não reproduzem as condições reais de solicitação a que o solo estará submetido no campo.

Estabilidade do fundo da vala

A ruptura de fundo ocorre quando o solo, abaixo do nível da escavação, não apresenta resistência ao cisalhamento suficiente para suportar as pressões externas e internas à escavação. Este tipo de problema é mais freqüente quando a escavação atinge camadas de solos de baixa resistência ao cisalhamento ou susceptíveis de amolecimento como conseqüência do alívio de tensão e absorção de água. Escavações mais profundas requerem uma análise criteriosa deste problema, sobretudo quando há edificações nas imediações e fluxo de água para o interior da vala (Soares, 1984). Solos saprolíticos podem apresentar este tipo de perda na resistência ao cisalhamento, como relatado por Nunes et al (1979), Almeida et al (1979) e Jucá (1982), sobre as escavações do metrô no Largo da Carioca, no Rio de Janeiro.

Recalques nas imediações da vala

Podem-se estimar os recalques por meio de critérios empíricos como os citados por Peck (1969). Algumas medições foram feitas em solos tropicais da cidade de São Paulo, mas as informações ainda não são suficientes para permitirem generalizações. Os recalques também podem ser calculados a partir dos deslocamentos horizontais da parede (Jucá, 1981), que podem ser previstos simulando-a como uma viga em apoios elásticos (Maffei et al, 1977 e Soares, 1981). Este procedimento revelou-se satisfatório quando aplicado às seções instrumentadas do metrô do Rio de Janeiro (Soares, 1981). Ou então empregar o método das deformações, com o recurso das modernas técnicas de cálculo numérico, desde que calibrado com casos experimentais.

3
Métodos Construtivos e a Boa Prática da Engenharia

São freqüentes as escavações em solos tropicais brasileiros sem que haja a necessidade de escoramento. A fim de manter a estabilidade dos taludes dessas escavações, costuma-se reduzir ou mesmo eliminar o fluxo das águas pluviais. Isto é obtido por meio de canaletas na crista do talude, associadas à sua cobertura com mantas de polietileno ou pintura com emulsões asfálticas ou, ainda, revestindo o talude com concreto magro. Quando a profundidade da escavação ultrapassa 10 a 15 m, costuma-se intercalar, à meia altura do talude, bermas da ordem de 2 m de largura. Em algumas situações pode haver a necessidade de instalar drenos sub-horizontais profundos para aliviar as pressões neutras e controlar o fluxo de água.

Em relação a escavações muito profundas, com paredes verticais, as estruturas de contenção empregadas são basicamente de quatro tipos: paredes diafragma de concreto armado; estacas-prancha de concreto ou de aço; estacas justapostas de concreto armado e perfis metálicos, laminados ou soldados, com pranchões de madeira (ver a Fig. 3.1). Além dessas técnicas, Velloso e Lopes (1998) citam também o uso de paredes de estacões com concreto projetado ou colunas de *jet-grout* entre eles, que, juntamente com as paredes de perfis e pranchões, são do tipo descontínuo.

Estas técnicas, de uso universal, várias delas introduzidas no Brasil principalmente por imigrantes europeus, enfrentam eventuais problemas durante a sua instalação em solos tropicais. Tal foi o caso das escavações para a construção

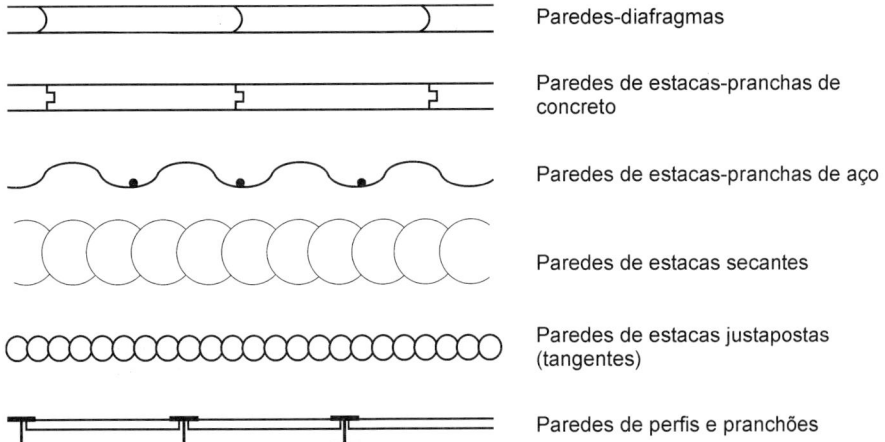

Fig. 3.1 *Sistemas de contenção de escavações profundas com paredes verticais*

do edifício Asahi e do edifício do Banco Real na cidade de São Paulo, cada um com cinco subsolos. O solo (ver a Fig. 3.2) consistia predominantemente de argilas vermelhas, laterizadas, semelhantes às indicadas na Fig. 1.3, sobrepostas a solos variegados, de consistência média a dura. Por essa razão, as escavações ocorreram sem problemas, exceto pelas dificuldades na instalação das estacas de aço, devido à presença de lentes de limonita e à alta resistência das argilas rijas vermelhas (Habiro e Braga, 1984). Esses autores apresentam uma descrição detalhada e minuciosa do comportamento desses solos perante escavações, mesmo no que se refere à instalação de drenos profundos e de tirantes e à execução das fundações. Nas camadas de argilas vermelhas foi possível dispensar o prancheamento entre perfis para a execução das cortinas de contenção.

Na construção de subsolos de edifícios, a concepção das estruturas de contenção está intimamente ligada ao processo construtivo da obra permanente, principalmente em relação a escavações muito profundas, onde se procura transferir para a estrutura, o mais rápido e diretamente possível, a pressão de terra contra o sistema de escoramento.

Segundo Alonso (1984), os métodos construtivos mais empregados em São Paulo são o método de escavação a partir do núcleo central e o método inverso ou invertido. O primeiro deles (Fig. 3.3), consiste na construção prévia de uma estrutura de contenção. Segue-se a escavação em taludes, até o fundo da vala, a execução das fundações e a construção do núcleo central do edifício, contra o qual é feito o escoramento temporário da estrutura de contenção. À medida que as escavações prosseguem lateralmente, complementam-se as partes externas

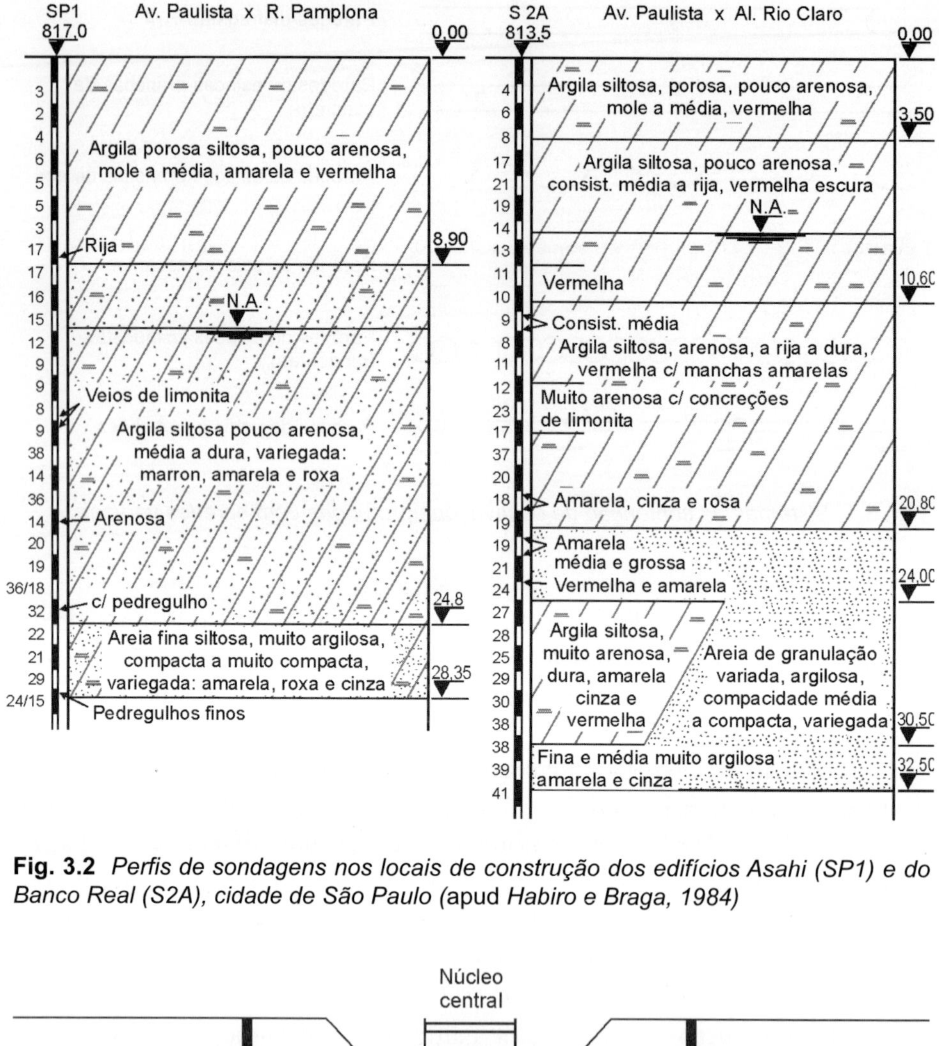

Fig. 3.2 Perfis de sondagens nos locais de construção dos edifícios Asahi (SP1) e do Banco Real (S2A), cidade de São Paulo (apud Habiro e Braga, 1984)

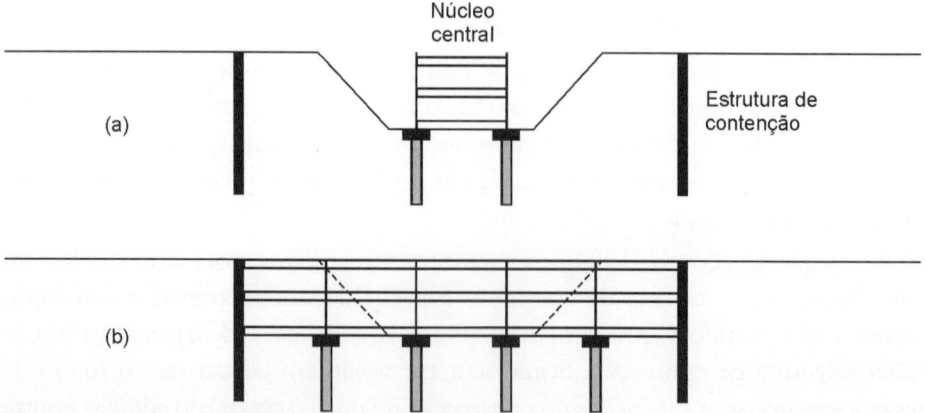

Fig. 3.3 Método de escavação a partir do núcleo central: a) construção do núcleo central do edifício; e b) as suas partes laterais servem de arrimo à parede de contenção

do edifício, cujo subsolo termina por servir de arrimo permanente da estrutura de contenção. No método inverso (Fig. 3.4), executa-se a estrutura de contenção e instalam-se perfis de aço (estacas) em pontos que correspondem às posições dos pilares centrais do edifício. Executa-se a laje no nível do terreno e inicia-se o levantamento da obra, concomitantemente à escavação. As estruturas de contenção vão sendo incorporadas ou escoradas com a própria estrutura do subsolo do edifício. Finalmente, embora seja menos freqüente, tem sido empregado o método das paredes atirantadas (Fig. 3.5). Uma vez completada a escavação, executa-se a estrutura a partir do fundo da vala e para cima, com a incorporação das paredes de contenção e, concomitantemente, a desativação dos tirantes.

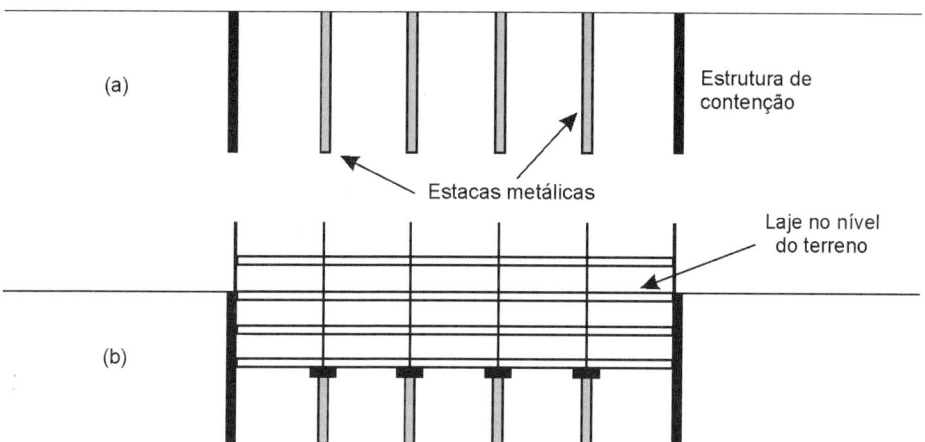

Fig. 3.4 *Método inverso de escavação: a) instalação da estrutura de contenção e das estacas metálicas; e b) construção do edifício, acima e abaixo da laje no nível do terreno*

A seguir, citam-se alguns exemplos de obras marcantes da cidade de São Paulo. Os locais de construção estavam relativamente próximos uns dos outros e o perfil do subsolo apresentava uma camada superficial de argila vermelha, da ordem de 10 m, e, subjacente, outra camada mais espessa de solos variegados. A escavação para a construção das fundações do Hotel Macksoud Plaza, de 12 m de profundidade, e outra, para a implantação das fundações do Hospital das Clínicas da USP, de 25 m de profundidade, foram feitas sem escoramento, pois havia espaço para cortes em taludes. Por outro lado, escavações escoradas foram feitas para a construção do: a) prédio do Tribunal Regional do Trabalho, de 18 m de profundidade, em que se usou o método de escavação a partir do núcleo central; b) edifício da FIESP, em que se utilizou uma variante do método inverso; e c) edifício do Banco Real, 21 m de profundidade, sendo 6 m abaixo do nível freático, com o emprego do método das paredes atirantadas.

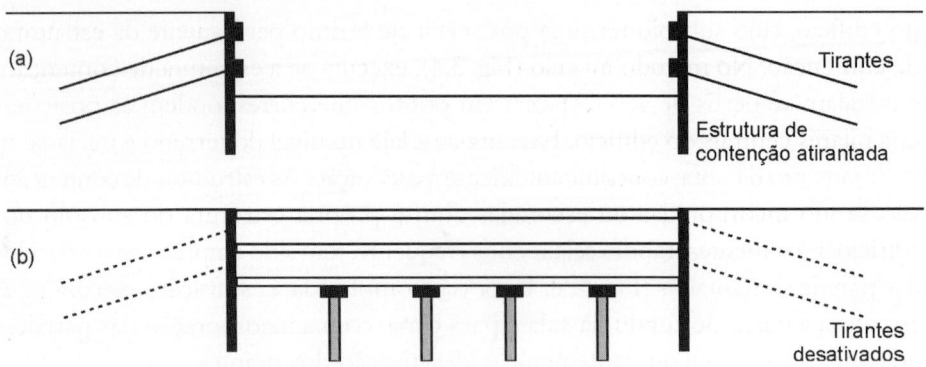

Fig. 3.5 *Método das paredes atirantadas: a) escavação até o fundo da vala; e b) construção do edifício e desativação concomitante dos tirantes*

O método inverso também foi usado num local nas imediações da cidade de São Paulo para a construção dos dois subsolos de um edifício. A escavação, com altura máxima de 15 m, foi executada em solo residual de rochas pré-cambrianas, um silte argiloso, micáceo, com matacões (Falconi et al, 2000). Como o proprietário do terreno vizinho não permitiu a instalação de tirantes, a cortina de contenção foi executada com o auxílio de uma linha de tubulões, previamente instalados e apoiados em rocha. À medida que o solo era escavado, a cortina ia sendo executada, de cima para baixo, e ancorada na estrutura do prédio. Nas partes mais baixas da escavação, blocos de rocha (matacões) tiveram que ser removidos a fogo, sem que interferissem na cortina já construída e na estrutura do prédio de 17 andares, já pronta e distante 10 m da contenção. Como alguns tubulões ficaram apoiados em matacões, acima do fundo da escavação, houve trechos de cortina que foram chumbados nesses blocos de rocha.

Ao longo da linha norte-sul do metrô de São Paulo, as escavações a céu aberto, em solos intemperizados e lateríticos, foram realizadas utilizando-se para escoramento perfis metálicos com pranchões de madeira, paredes diafragma ou estacas justapostas de concreto armado. Entre as paredes de contenção instalaram-se estroncas ou tirantes de ancoragem temporários. Quando a escavação interceptava o nível freático, procedia-se ao seu rebaixamento por meio de poços profundos.

Segundo Jucá (1982), alguns trechos da linha I do metrô do Rio de Janeiro foram escavados em solos predominantemente residuais (trecho Tijuca e Largo da Carioca), onde foram utilizadas paredes-diafragma estroncadas. O método inverso foi empregado no Setor III da Tijuca e, nos demais trechos, utilizou-se o método de escavação a partir do núcleo central. Em geral, houve rebaixamento do nível freático por meio de poços profundos.

4
Escavações nos Solos Sedimentares Intemperizados – Cidade de São Paulo

4.1 Os Solos Lateríticos e Intemperizados

A cidade de São Paulo está construída numa bacia sedimentar de origem flúvio-lacustre, localizada ao longo da Costa Atlântica da Região Centro-Sul do Brasil. Os sedimentos que preenchem a bacia, acima de determinado nível, sofreram um processo de intemperismo que deixou sinais tais como a cor variegada e o pré-adensamento por secamento, o que lhes confere características *sui generis*. Os solos superficiais foram submetidos a um processo de laterização, que deu origem às argilas vermelhas, ricas em óxidos de ferro. Em geral, ainda em idades antigas, estes solos foram parcialmente erodidos e seus resquícios são encontrados nas partes mais altas da cidade. As Figs. 1.3 e 3.2 mostram perfis típicos desses solos.

Informações detalhadas sobre as características geotécnicas dos solos da bacia sedimentar da cidade de São Paulo podem ser encontrados em Sousa Pinto e Massad (1972); Massad (1974; 1981a; 1985a e 1992) e Pena (1982). Descrições qualitativas, enfatizando o comportamento desses solos em escavações profundas, tal como proposto por Peck (1981), têm sido prática comum entre nós, como as relatadas por Habiro e Braga (1984).

Há muito se sabe que as argilas porosas vermelhas são solos lateríticos (Pichler, 1948), devido à sua alta porosidade, ao aumento de sua consistência com a profundidade, à sua colapsividade e à presença de lentes de limonita na altura do nível d'água. Neste ponto, ocorrem as argilas rijas vermelhas que, apesar de possuírem as mesmas características de identificação e classificação das argilas porosas vermelhas, delas diferem substancialmente em suas propriedades de engenharia (Massad, 1985a). O índice de vazios pode ser usado como diferenciador dessas duas camadas, como foi mencionado anteriormente.

Os solos variegados são sedimentos intemperizados, depositados em camadas alternadas de areias e argilas, bastante heterogêneas. Apresentam propriedades de engenharia que variam amplamente, dada a ocorrência de solos muito diferentes, desde areias a argilas gordas.

Em geral, esses solos são sobre-adensados, mas a pressão de pré-adensamento não guarda relação com o peso – atual ou passado – de terra erodida. Há indícios de que o sobre-adensamento destes solos é ditado por fenômenos associados à fração argila, tais como cimentação de partículas de solos laterizados, no caso das argilas vermelhas, ou secamento, no caso das argilas variegadas. Os valores da pressão de pré-adensamento variam de 50 a 400 kPa para as argilas porosas vermelhas; de 400 a 1000 kPa para as argilas rijas vermelhas; e de 200 a 1500 kPa para os solos variegados.

Outra característica marcante destes solos se refere à relação E/c (razão entre o módulo de deformabilidade e a resistência ao cisalhamento não drenada). Para 1% de deformação, esta relação é da ordem de 150 para os três tipos de solo acima mencionados. Para as argilas porosas vermelhas, as razões E_{50}/c (módulo para 50% da resistência ao cisalhamento) e do E_i/c (módulo inicial) assumem valores muito próximos, da ordem de 500, conseqüência da cimentação de partículas. Observe-se que este valor é muito superior ao que seria razoável esperar para solos que apresentam: a) consistências de mole para média; b) relativamente elevada compressibilidade; e c) baixos valores de SPT (dois a seis golpes). Além destas, há outras evidências de que as argilas porosas vermelhas comportam-se como solos de rijos a duros em alguns tipos de obras civis (Massad et al, 1981b).

Do mesmo modo, os solos variegados podem apresentar consistências de média a rija, mas se comportam como solos rijos e até mesmo duros. Porém, estes solos podem apresentar trincas e fissuras, cuja origem é tema de debate e tem sido atribuída à ação sísmica após a formação da bacia sedimentar de São Paulo (Ricomini, 1989), ao alívio de tensão em vales íngremes ou ao secamento (Wolle et al, 1992).

No caso das argilas rijas vermelhas, as perfurações com circulação de água, para a instalação de drenos ou tirantes, podem ser feitas sem revestimento, que são indispensáveis para os solos variegados. Em compensação, a formação dos bulbos dos tirantes nas argilas rijas vermelhas requerem pressões elevadas, donde a necessidade de um controle adequado na sua execução, como se verá adiante.

A baixa permeabilidade da camada de argila vermelha possibilita escavações a seco abaixo do nível d'água. Para os solos variegados, com alternâncias de camadas de argilas e areias, pode haver a necessidade de drenagem profunda não só para se trabalhar a seco como também para evitar o solapamento e o desmoronamento de blocos de solo, pela ação da água, condicionados pelas citadas trincas e fissuras (Habiro e Braga, 1984).

Finalmente, como regra geral, os taludes de escavações devem ser protegidos para evitar tanto a ação erosiva das águas de chuva quanto o ressecamento do solo exposto.

4.2 Escavações Não Escoradas

Embora as argilas porosas vermelhas da cidade de São Paulo sejam classificadas como solos moles, com base em valores de SPT, como se viu anteriormente, em escavações a céu aberto elas apresentam comportamento de solos rijos. Valores da coesão, obtidos com base em ensaios de compressão simples, confirmaram esta última consistência, indicando um valor médio de 100 kPa.

Assim, na prática, não é surpreendente constatar que essas formações de argilas vermelhas permitem escavações com paredes praticamente verticais, com alturas superiores a 10 m, sem entrar em colapso. Essas circunstâncias se apresentaram no primeiro e no segundo casos, que constam da Tab. 4.1. Conforme já mencionado, tratam-se de escavações executadas em locais nos quais camadas de 6 a 8 m de argila vermelha (SPT variando entre 2 e 8) se sobrepõem a uma camada de solo variegado (SPT entre 4 e 30); o nível freático situava-se 14 m abaixo da superfície do terreno (veja a Fig. 3.2). Além disso, algumas escavações não escoradas para a construção de edifícios podem ficar expostas por muitos anos sem que apresentem problemas, a exemplo do terceiro caso da Tab. 4.1.

a) A primeira escavação, para a construção do Hotel Maksoud Plaza, ficou exposta por um período de vinte meses. Segundo Nakao (1984), devido ao secamento, a superfície do talude apresentou trincas relativamente profundas e houve a necessidade de proteção com pintura asfáltica e cobertura com manta impermeável, sem maiores conseqüências.

b) A segunda escavação, no Hospital das Clínicas da USP, ficou exposta por dois anos. Nos locais em que o lençol freático foi interceptado, foi necessário executar drenos horizontais – tubos perfurados com 10 cm de diâmetro e 25 m de comprimento – para garantir a estabilidade do talude. Ocorreram algumas

Tab. 4.1 *Escavações não escoradas na cidade de São Paulo*

Estudo de caso	Subsolo	Profundidade do corte (m)	Talude	Problemas	Referência
Hotel Maksoud Plaza	Argilas vermelhas sobrepostas a solos variegados	12	1:1 a 1V:0,5H	Trincas de secamento	Nakao (1984)
Hospital das Clínicas - USP	Argilas vermelhas sobrepostas a solos variegados	25	1V:1,25H	Erosão e trincas de secamento	Nakao (1984)
Hospital de Oncologia (Itaci)	Argilas vermelhas sobrepostas a solos variegados	20	80°	De 1979 a 2002 não se observaram problemas	-
Complexo do Centro Empr. Itaú	Solos variegados	22	1:1	Erosão superficial e deslizamentos de blocos de solo	Habiro e Braga (1984)

erosões em partes isoladas da face do talude, onde havia solos arenosos, e surgiram algumas trincas de ressecamento, sem que fosse necessário proteger a superfície. (apud Nakao, 1984).

c) O terceiro caso trata de uma escavação com cerca de 20 m de profundidade, talude de 80°, em um local junto ao cruzamento da av. Dr. Arnaldo com a rua Galeno de Almeida, na cidade de São Paulo. Em seus primeiros 15 m, o subsolo consiste de uma camada de argila vermelha laterítica, com consistência de média a rija, que se sobrepõe a solos variegados (sedimentos intemperizados) de alta resistência. A escavação iniciou-se em 1979 e permaneceu inacabada até 2002, sem qualquer problema, protegida apenas pelo asfalto da rua Galeno de Almeida, a ela adjacente. Atualmente funciona no local o Itaci, Instituto de Tratamento do Câncer Infantil.

d) O quarto estudo de caso, relatado por Habiro e Braga (1984), se refere às escavações para a construção do complexo do Centro Empresarial Itaú. O caso merece uma descrição mais detalhada porque o subsolo, que consiste predominantemente de solos variegados (camadas alternadas de areias e argilas), era de difícil manejo. As escavações atingiram 22 m e foram feitas, em parte, escoradas por estacas metálicas e pranchões de madeira e, em parte, em talude de 1:1. Devido ao tipo de subsolo, foi necessária a proteção do talude contra erosão ou ressecamento. Além disso, como o nível freático estava 10 m abaixo da superfície do terreno, ocorreram vários pequenos escorregamentos em conseqüência da erosão de sub-superfície das camadas arenosas. Este problema foi resolvido por meio de drenos horizontais. Porém, ainda mais significativos foram os deslizamentos de blocos de solo, influenciados pelo alívio de tensão, pela presença de água e de finas lentes de solo menos resistente, localizadas aleatoriamente. De acordo com Habiro e Braga, essas lentes resultaram do preenchimento de fissuras com materiais argilosos. Como já foi mencionado, a origem de tais fissuras, que foram observadas em outros locais da cidade, é tema de debate.

Embora lidando principalmente com cortes permanentes, Wolle et al (1992) confirmaram recentemente a ocorrência de tais problemas, envolvendo os solos variegados da cidade de São Paulo, e aprofundaram na compreensão dos fenômenos envolvidos. As principais causas das instabilidades de corte estão associadas à ação da água: percolação, erosão e *piping*, conforme os mecanismos indicados na Fig. 4.1 e descritos a seguir:

a) "Rupturas rotacionais" em solos argilosos, devido à erosão de subsuperfície das camadas arenosas subjacentes e ao amolecimento da argila.

b) Escorregamentos de blocos ou cunhas de solos argilosos, influenciados pelo alívio de tensão, fissuras e pressão da água.

c) Tombamentos de blocos ou cunhas de solos argilosos, influenciados pelo alívio de tensão, fissuras e pressão da água.

d) Queda de blocos de solos argilosos associada à erosão de camadas intermediárias de solos arenosos.

e) Processos erosivos, inclusive *piping* e "empastilhamento" ou desagregação superficial de solos argilosos, não mostrados na Fig. 4.1.

A maioria destes cortes, com inclinações não superiores a 1:1 e 1(V):1,5(H), foram estabilizados por meio de drenagem, interna ou superficial, e proteção do talude. Entretanto, a drenagem dos níveis freáticos suspensos nos solos variegados tem sido uma tarefa difícil.

Apenas a título de comparação, cita-se trabalho de Wirth et al (1982) que relataram escavações em solos residuais para a construção da linha noroeste do metrô de Baltimore. Em alguns trechos, as escavações, de 7 m de profundidade e talude de 70°, foram feitas sem escoramento. Os materiais expostos eram solos residuais e saprolíticos, derivados de gnaisse-granitos e xistos e, exceto por pequenos solapamentos e sulcos de erosão, o talude permaneceu intacto por vários meses.

4.3 Escavações Escoradas: Seções Experimentais do Metrô de São Paulo

Durante a construção da linha Norte-Sul do metrô de São Paulo, observou-se o comportamento de diversos trechos de valas escoradas, em escala real, aqui referidos como Seções Experimentais (SE). Foram feitas medidas de recalques em estruturas adjacentes, deslocamentos horizontais para dentro das valas e cargas

a) Rupturas rotacionais

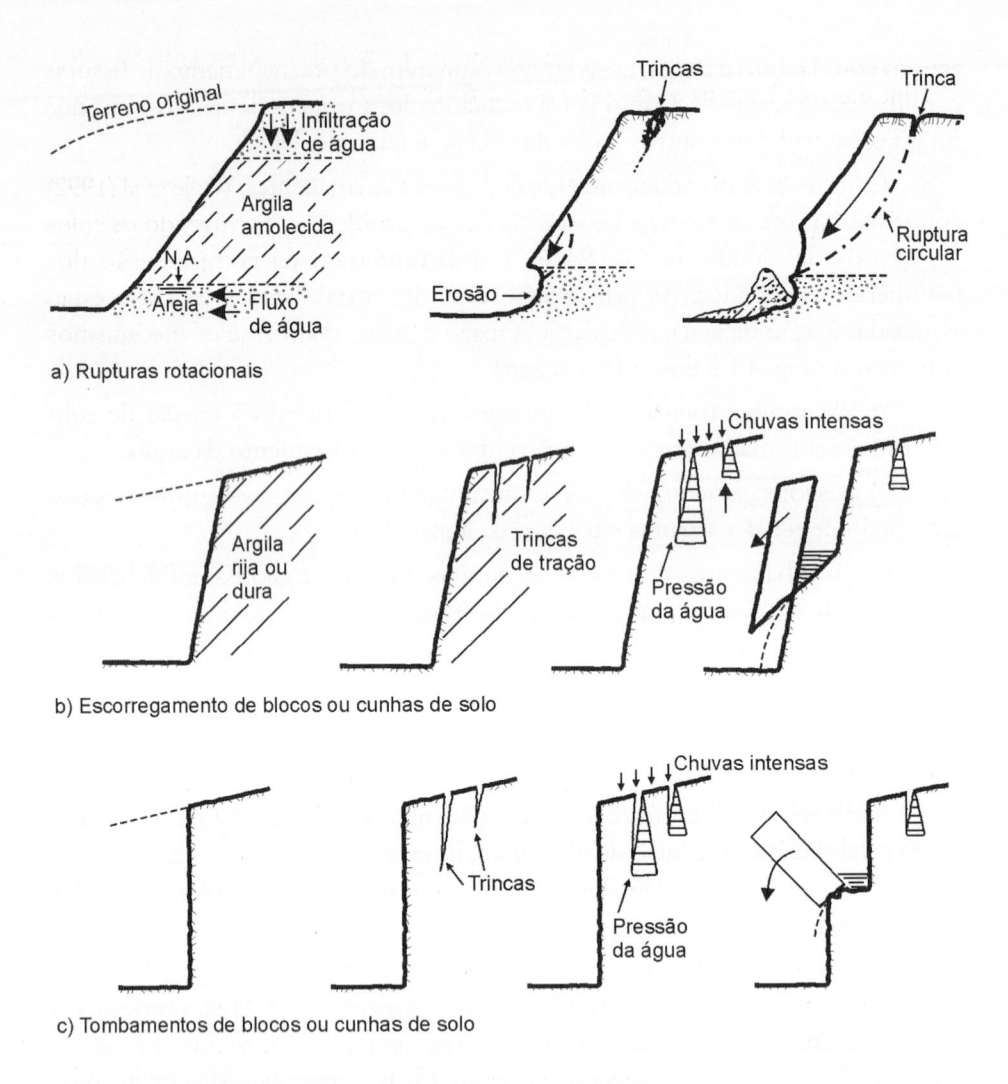

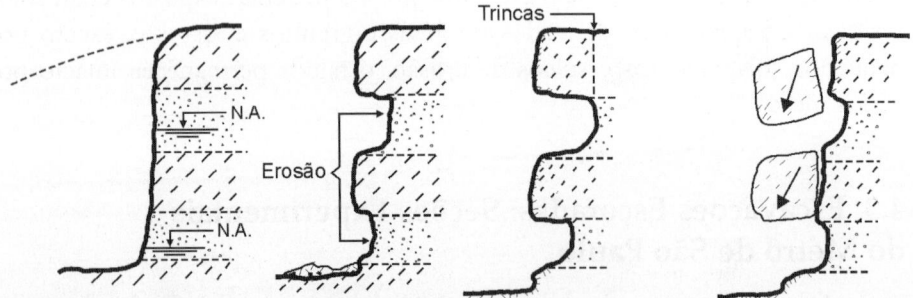

b) Escorregamento de blocos ou cunhas de solo

c) Tombamentos de blocos ou cunhas de solo

d) Queda de blocos associada à erosão de solos arenosos

Fig. 4.1 *Mecanismos de instabilidade de cortes abrangendo os solos variegados da cidade de São Paulo (apud Wolle et al, 1992)*

nas estroncas. Basicamente, os instrumentos de medição utilizados foram: a) inclinômetros; b) marcos superficiais para a medida de recalques; c) medidores de cargas nas estroncas, do tipo cordas vibrantes; e d) termômetro do tipo par termoelétrico. Em geral, foram instrumentadas três estroncas de cada nível. Diversos trabalhos foram publicados a partir de 1972: Sousa Pinto et al (1972); Martins et al (1974) e Massad (1978a e 1978b; 1979a, 1979b e 1979c; e 1985c e 1985d), entre outros.

Foram usados dois tipos de escoramentos: com paredes flexíveis e com paredes "relativamente" rígidas. No primeiro tipo as valas foram escoradas com estacas metálicas, com espaçamento de 2 a 2,5 m, com pranchões de madeira e longarinas (ver a Foto 4.1). Em relação ao segundo tipo, foram instaladas paredes-diafragma ou estacas justapostas, ambas de concreto (ver a Foto 4.2). O termo "relativamente" rígido também foi empregado por Twine et al (1997), em trabalho já citado. As estroncas, com comprimento médio (ℓ) de cerca de 13 m, exceção feita à SE 5, foram inseridas com espaçamentos verticais variando de 3 a 5 m. As diversas seções experimentais diferiam entre si quanto ao tipo de parede, ao solo escorado, à profundidade das valas (H) e ao número de níveis de estroncas (n), conforme consta da Tab. 4.2. A Fig. 4.3 mostra o perfil do subsolo para algumas das SE. Nas SE 1, 6, 7 e 8 predominaram as argilas vermelhas e, nas restantes, prevaleceram os solos variegados. Na SE 5 as estroncas eram constituídas de dois segmentos justapostos, totalizando 21,1 m de comprimento, apoiados em vigas centrais e estas, por sua vez, em estacas metálicas. Essa última SE só foi incluída

Foto 4.1 *Vista de um trecho da escavação escorada com parede flexível. Metrô de São Paulo, linha Norte-Sul, SE 6*

Foto 4.2 *Vista de um trecho da escavação escorada com estacas de concreto justapostas (parede relativamente rígida). Metrô de São Paulo, linha Norte-Sul*

Tab. 4.2 *Características gerais das seções experimentais (SE) do metrô de São Paulo*

Tipo de parede	SE	H (m)	D (m)	t (m)	ℓ (m)	n	Subsolo
Flexível	1	8,9	12,1	2,5	12,9	2	Argila porosa vermelha
	6	15,4	18,0	2,0	13,3	3	Argilas vermelhas sobrepostas a solos variegados
	8	16,7	19,6	2,0	12,3	4	Argilas vermelhas sobrepostas a solos variegados
	2	18,0	20,0	1,88	14,2	5	Argilas vermelhas sobrepostas a solos variegados
	5	22,6	24,0	2,0	21,1/2	6	Solos variegados
Relativamente rígida	Bloco 17	10,0	13,0	2,0	12,0	2	Solos variegados
	7	15,9	18,9	1,43	12,0	4	Argilas vermelhas sobrepostas a solos variegados
	3	18,9	21,0	1,5	11,8	6	Argilas vermelhas sobrepostas a solos variegados

Notas: nível d'água sempre abaixo do fundo da vala

SE : Seção experimental
t : Espaçamento entre estacas
ℓ : Comprimento das estroncas
H : Profundidade da vala
n : Número de níveis de estroncas
D : Altura das paredes de escoramento

4. Escavações nos Solos Sedimentares Intemperizados – Cidade de São Paulo

nas análises do efeito da temperatura e dos recalques nas imediações da vala por ter sofrido alterações no escoramento durante as escavações.

A Fig. 4.2 ilustra algumas etapas do método construtivo para a SE 2, que podem ser agrupadas nas seguintes fases: a) a fase de final da escavação (estágio 6); e b) as fases de reaterro da vala. As fases de reaterro da vala compreendiam as seguintes etapas:

a) o encunhamento das estacas na base do túnel (estágio 7 da Fig. 4.2);

b) a remoção progressiva das estroncas e o reaterro da vala, inclusive do espaço entre a parede do túnel e a parede de contenção (estágios 8 a 10 da Fig. 4.2);

c) a remoção das estacas metálicas.

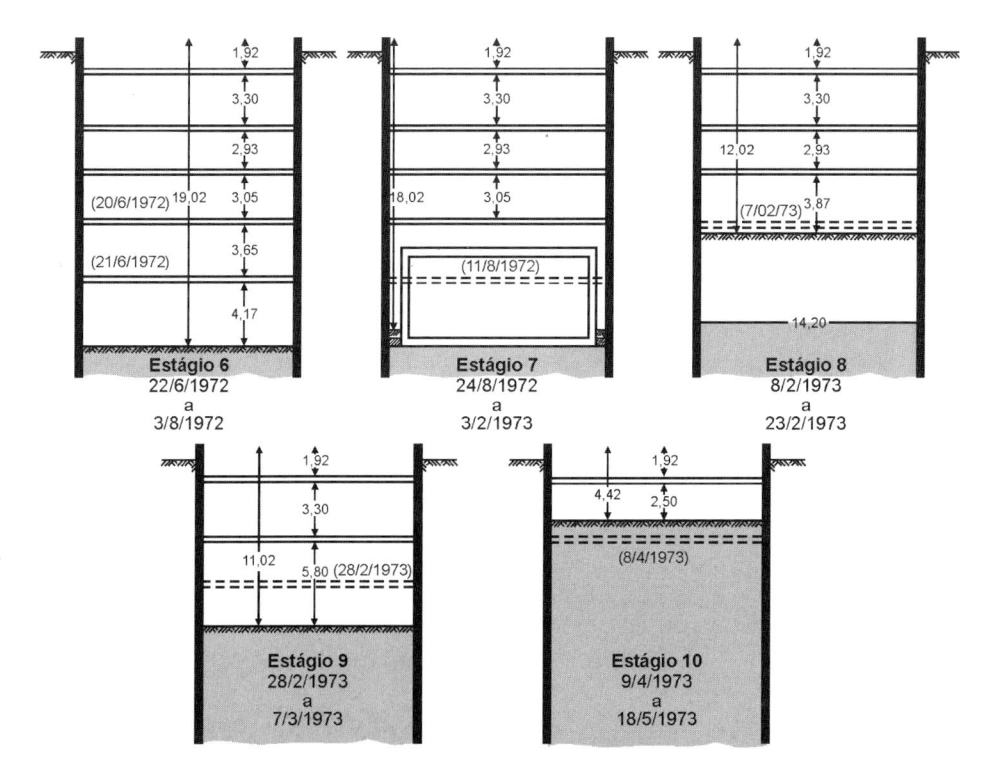

Fig. 4.2 *Ilustração do método construtivo das valas a céu aberto da linha Norte-Sul do metrô de São Paulo*

4.3.1 Deslocamentos de paredes flexíveis

A Fig. 4.3 mostra os deslocamentos laterais (horizontais) em final de escavação e numa fase de reaterro da vala, relativos a três seções experimentais,

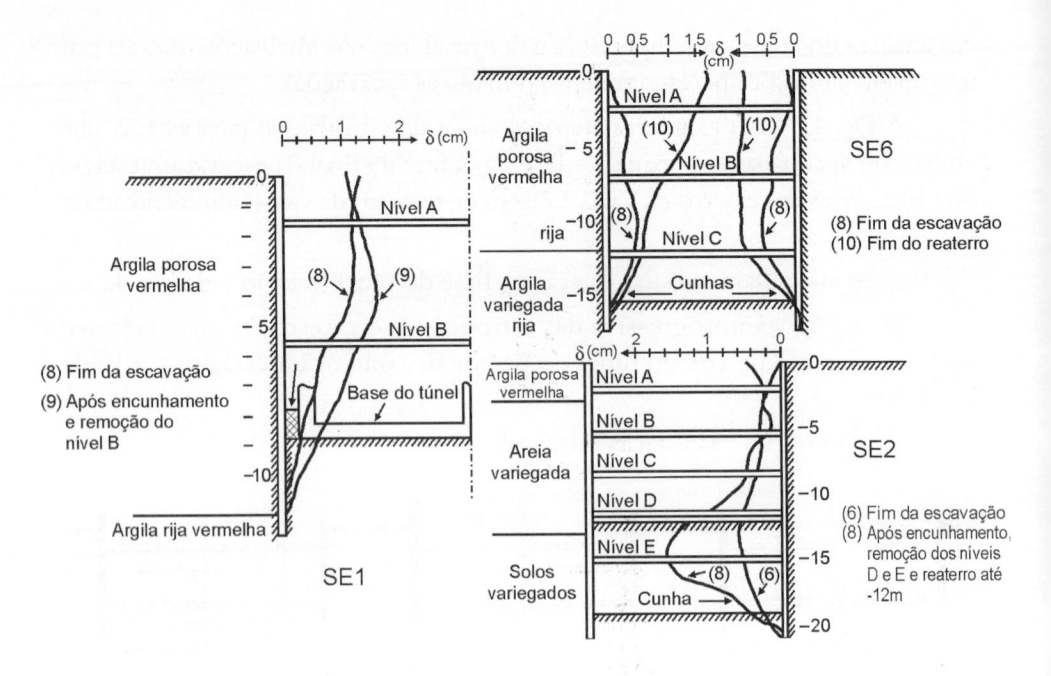

Fig. 4.3 *Deslocamentos laterais (δ), medidos com inclinômetros*

ilustrando a influência do método construtivo. No que se refere à SE 2, a remoção das estroncas do nível E, após o encunhamento das estacas metálicas na base do túnel, causou um aumento de 100% no volume de terra deslocada lateralmente. Nesse nível, ocorreu um grande deslocamento porque a distância vertical entre as estroncas do nível D e as cunhas (base do túnel) atingiu cerca de 8 m.

Calculando-se os volumes de terra deslocada lateralmente, para as cinco seções experimentais, foi possível concluir (vide Tab. 4.3) que grande parte dos deslocamentos (2/3 para a SE 2, por exemplo) ocorreu durante as fases de reaterro. Ao final da escavação, os deslocamentos máximos horizontais variaram na faixa de 0,04 a 0,05%H, tendo atingido 0,14%H em um dos casos (SE1). Vide também a Tab. 4.4.

Em relação à SE 5, foram instalados medidores de recalques superficiais e inclinômetros, que permitiram comparar os volumes de terra deslocados lateral e verticalmente. Verificou-se que, na média (Massad, 1978b), as diferenças nas várias fases das escavações e o reaterro da vala eram de 20% e sempre inferiores a 40%. Além disso, os recalques atingiram valores significativos até uma distância das paredes igual à profundidade da escavação, aproximando-se dos poucos dados apresentados por Peck (1969), com relação a solos de rijos a duros. Supondo-se uma distribuição triangular desses recalques para todas as seções experimentais,

4. Escavações nos Solos Sedimentares Intemperizados – Cidade de São Paulo

Tab. 4.3 *Paredes flexíveis: distribuição dos volumes de terra deslocados lateralmente*

SE	Parede	Final da escavação (%)	Estágios do reaterro		
			Remoção do último nível e encunhamento (%)	Após o reaterro (%)	
1	Leste	75	3	22	
2	Oeste	34	34	32	
5	Leste	54	31	15	
	Oeste	18	18	64	
6	Leste	23	18	59	
	Oeste	38	35	27	

Tab. 4.4 *Escavações escoaradas – paredes flexíveis*

Tipo de solo	Local	H (m)	Final da escavação			Referência
			δ/H (%)	ρ/H (%)	$p/\gamma H$	
Solos sedimentares intemperizados (solos tropicais)	Metrô de São Paulo (Brasil)	9,0 a 23,0	0,04 a 0,05 ($\leq 0,14$)	0,10 a 0,30	0,08	Massad (1978a; 1979a, b e c)
Solos residuais e saprolíticos de gnaisse, granitos e xistos	Metrô de Baltimore (EUA)	≤ 35	0,02 a 0,05 ($\leq 0,15$)	0,14	-	Wirth et al.* (1982)
Solos sedimentares	Valas em Washington DC (EUA)	8,4 a 18,0	-	-	0,15 a 0,23	O'Rourke e Cording (1974b)
	Metrô de Washington DC (EUA)	12,0 a 25,0	0,07	0,10	0,25	O'Rourke e Cording (1974a e b)
	Escavação em Clayton, Missouri (EUA)	13,5	-	0,14 0,10	-	Mansur et al. (1970)
Solos sedimentares sobrepostos a solos residuais	Metrô do Rio de Janeiro (Brasil)	9 a 18	-	0,20 a 0,45	-	Jucá (1981)

Obs: O nível freático estava abaixo do fundo da vala, exceto nas escavações para o metrô de Baltimore.

Legenda: H: profundidade da escavação δ: máximo deslocamento lateral γ: peso específico do solo
 ρ: máximo recalque p: máxima pressão de terra aparente

concluiu-se que os recalques máximos ao final dos reaterros das valas variaram na faixa de 0,10 a 0,30%H que, diante do citado processo construtivo, foram cerca de três vezes maiores do que os correspondentes valores de final de escavação.

Apenas a título de comparação, os casos relatados por Peck (1969) mostram que os incrementos máximos de recalque, devidos à remoção das estroncas, atingiram até 50% dos valores correspondentes do final da escavação, graças às diferenças nos procedimentos construtivos de reaterro da vala. No caso do metrô de Washington D.C., onde a escavação cortou sedimentos Pleistocênicos e Cretáceos (areias e pedregulhos compactos e argilas siltosas rijas), os recalques ao final do reaterro da vala eram praticamente idênticos aos do final da escavação pois as estacas metálicas foram incorporadas ao túnel (O'Rourke e Cording, 1974a e 1974b).

Em valores absolutos e grosso modo, os recalques junto às valas do metrô de São Paulo variaram de 2 a 2,5 cm após os reaterros, cifras essas inferiores às apresentadas por Peck (1969) para argilas duras.

É também interessante mencionar (ver a Tab. 4.4) as medições publicadas por Wirth et al (1982), referentes a escavações escoradas em solos residuais para a construção da seção A, da linha Noroeste do metrô de Baltimore, já mencionado. As escavações, com até cerca de 35 m de profundidade, foram efetuadas em 20 m de solos residuais e saprolíticos, derivados de gnaisse-granitos e xistos, e em 15 m de rocha parcialmente alterada. O escoramento consistiu em estacas metálicas com pranchões de madeira ou paredes-diafragma de concreto (*cast in place concrete slurry walls*). Foram instaladas estroncas acima do topo da rocha parcialmente alterada; abaixo dela usaram-se tirantes. De acordo com estes autores, em condições intactas, estes materiais apresentavam resistências superiores àquelas de solos sedimentares com densidade e consistência similares. Uma análise dos dados divulgados por esses autores permite concluir que o máximo deslocamento lateral, ao final da escavação, situou-se na faixa de 0,02 a 0,05%H. Casos extremos indicaram relações de 0,15%H.

Outro caso mostrado na Tab. 4.4 é a escavação com 13,5 m de profundidade máxima, relatado por Peck (1969) e Mansur et al (1970), para a construção de um edifício em Clayton, Missouri. A escavação foi escorada por estacas metálicas com pranchões de madeira, com dois a três níveis de tirantes de ancoragem. O subsolo era constituído: a) de uma camada superficial, com espessura de 4,5 a 6,5 m, de argilas siltosas e siltes argilosos rijos, de cor variegada, indicando que o solo havia sido submetido à ação do intemperismo e, conseqüentemente, sofrido um pré-adensamento por ressecamento; as argilas, em particular, apresentavam fissuras espelhadas (*slickensides*); e b) subjacente, uma camada de cerca de 4,5 m de argila de decomposição de folhelho. Medidas de recalques, em torno da escavação, revelaram um limite superior de 0,14%H. Estes resultados são consistentes com aqueles relacionados aos solos tropicais de São Paulo (vide Tab. 4.4).

Como conclusão final, pode-se dizer que a intensidade dos movimentos laterais depende da seqüência de construção do sistema de escoramento da escavação e, até certo ponto, independe do solo escorado, seja ele solo sedimentar ou tropical. A esta mesma conclusão haviam chegado Wirth et al (1982), citados anteriormente.

4.3.2 Pressões de terra em paredes flexíveis

a) Correção do efeito temperatura

Em relação às seções experimentais do metrô de São Paulo, constatou-se que 50% da carga total (isto é, do somatório das cargas medidas nos diversos níveis de estroncamento) foram causados pela dilatação térmica das estroncas, menos de 20% foram devidos ao seu encunhamento e pouco mais de 30% derivaram do empuxo de terra propriamente dito. Em outras palavras, o efeito da temperatura dobrou a carga total devido ao empuxo de terra mais encunhamento (vide Tab. 4.5). Constituiu-se em exceção a SE 2. A separação das cargas nas estroncas, nas três componentes indicadas nas Tabs. 4.5 (cargas totais) e 4.6 (cargas de cada uma das estroncas), foi feita conforme procedimento desenvolvido por Massad (1978a e 1979a e 1979b). O empuxo de terra foi tomado como sendo a carga medida na temperatura mínima, que ocorria à noite, desde 20 h de um dia até às 6 h do dia seguinte.

Novamente, com exceção da SE 2, a Tab. 4.6 mostra que as cargas suportadas pelas estroncas dos níveis inferiores chegaram a exceder em mais de duas vezes aquelas devidas ao empuxo de terra mais encunhamento. Eis as razões para este comportamento: a) os gradientes de carga-temperatura (G) aumentaram com a profundidade; e b) as estroncas dos níveis inferiores foram instaladas quando as escavações já estavam praticamente finalizadas, fazendo com que a contribuição do empuxo de terra fosse pequena. Entende-se por gradiente de carga-temperatura (G) a relação entre a carga que surge numa estronca pelo seu acréscimo de temperatura. Esses gradientes dependem: a) dos incrementos de temperatura nos diversos níveis de estroncas; b) da rigidez do sistema escoramento-solo; e c) da geometria do conjunto vala-sistema de escoramento.

No que se refere à SE 2, Massad (1978a e 1979a e 1979b) mostrou que se fossem admitidas as mesmas características contingentes de incidência de raios solares, presença de edificações nas imediações da escavação, condições de ventilação dentro das valas etc. ocorridas na SE 8, embora mantendo-se a identidade da primeira – quanto à geometria da vala, solos escorados e sistema de escoramento – então, os resultados seriam aqueles indicados por asteriscos nas Tabs. 4.5 e 4.6. Nessas condições, a SE 2 deixaria de ser uma exceção.

Tab. 4.5 *Paredes flexíveis: distribuição da carga total*

SE	Carga total (kN)	Distribuição da carga total		
		Encunhamento (%)	Efeito da temperatura (%)	Pressão de terra (%)
1	273	≤ 25	48	≥ 27
6	370	≤ 22	48	≥ 30
8	518	≤ 24	48	≥ 28
2	568	≤ 29	33	≥ 38
2*	710*	≤ 23*	47*	≥ 30*

Obs: Todas as cifras referem-se a medições, exceto aquelas assinaladas com *

Tab. 4.6 *Paredes flexíveis: separação de cargas de cada estronca*

SE N°	Nível	Estronca (perfil)	T_{max} (°C)	ΔT (°C)	C_{max} (kN)	G (kN/°C)	$\bar{G}$	Distribuição das cargas (%)		C_{max}/P
								(1)	(2)	
1	A	2 I 12"	41	30	122	2,1	5,9%	49	51	217%
	B	2 I 12"	41	25	152	2,8	7,8%	53	47	155%
6	A	2 I 12"	41	24	119	2,1	5,9%	58	42	75%
	B	2 I 12"	32	19	169	4	11,2%	55	45	50%
	C	2 I 12"	29	14	83	5,4	15,1%	9	91	42%
8	A	2 I 12"	45	27	139	1,2	3,4%	77	23	47%
	B	2 I 12"	44	27	127	2	5,6%	58	42	27%
	C	2 I 12"	39	23	106	2,6	7,3%	43	57	31%
	D	2 I 12"	37	25	146	4,2	11,8%	28	72	48%
2	A	2 I 12"	49	38	83	1,5	4,2%	33	67	69%
	B	2 I 12"	35	26	97	1,8	5,0%	53	47	34%
	C	2 I 12"	29	19	136	1,6	4,5%	78	22	38%
	D	2 I 15"	23	10	101	1,9	5,1%	82	18	25%
	E	2 I 15"	21	10	151	2,3	6,2%	85	15	40%
2*	A	2 I 12"	27*	43*	0,6*	1,7%	64*	36*	-	
	B	2 I 12"	27*	80*	1,1*	3,1%	63*	37*		
	C	2 I 12"	-	27*	143*	1,4*	3,9%	74*	26*	
	D	2 I 15"	27*	149*	2,5*	6,7%	55*	45*		
	E	2 I 15"	27*	311*	6,8*	18,3%	41*	59*		

Obs: Todas as cifras referem-se a medições, exceto aquelas assinaladas com *

SE : Seção experimental
ΔT : Diferença entre T_{max} e T_{min} (medidas)
G : Gradiente médio de carga-temperatura
C_{max} : Carga medida na T_{max} (média, final de escavação)
(1) : Pressão de terra + encunhamento

T_{max} : Temperatura máxima (medida)
T_{min} : Temperatura mínima (medida)
$\bar{G}$: Grau de restrição ($\bar{G}=G/E_a S_a a$)
P : Carga de projeto
(2) : Efeito da temperatura

4. Escavações nos Solos Sedimentares Intemperizados – Cidade de São Paulo

As características contingentes, citadas anteriormente, influem diretamente na forma como a temperatura varia em profundidade numa vala escorada, isto é, com a posição das estroncas. A Fig. 4.4 mostra, para as diversas SE, como o incremento relativo de temperatura da i-ésima estronca (ΔT_i) varia com a profundidade em que essa estronca está instalada. Esse parâmetro (ΔT_i) é definido como a variação da temperatura na i-ésima estronca quando a estronca do primeiro nível sofre um aquecimento de 1°C. Nota-se um comportamento anômalo no caso da SE 2.

Massad (1978a e 1979a) mostrou, por meio de um modelo matemático lastreado no Método dos Elementos Finitos, que há um conjunto bem definido de valores de incrementos relativos de temperatura (ΔT_i) que levam a iguais valores de gradientes de carga-temperatura (G), independentemente do nível da estronca. Estes "iguais valores" correspondem aos autovalores (*eingenvalues*) mínimos de uma matriz de rigidez específica. Para a SE 2, esse conjunto de valores está assinalado como "calculado" na Fig. 4.4 e está muito próximo dos valores medidos no campo; o gradiente de carga-temperatura (G) a eles associado é de 1,9 kN/°C, podendo ser comparado com os valores medidos, que constam da Tab. 4.6, cuja média é de 1,8kN/°C.

Esse efeito da temperatura foi também observado na mesma época por O'Rourke e Cording (1974a e 1974b) no metrô de Washington D.C., embora as contribuições para a carga total fossem diferentes devido à pré-compressão das

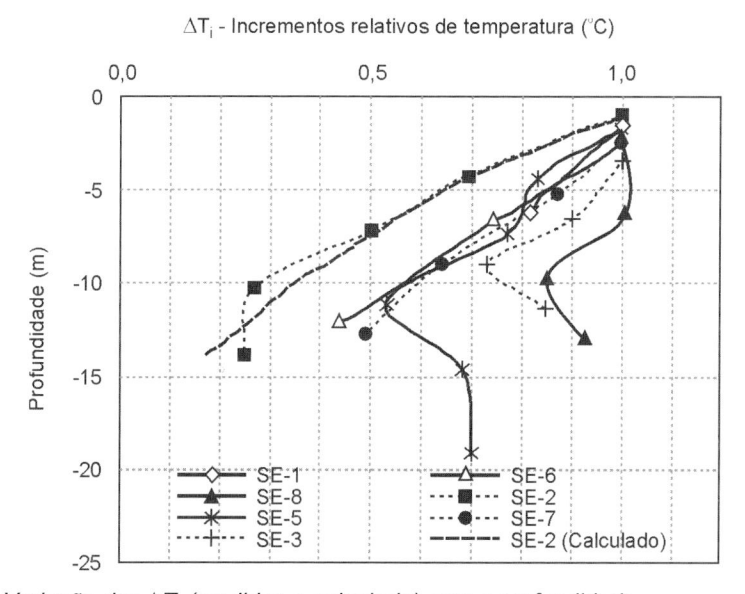

Fig. 4.4 *Variação dos ΔT_i (medidos e calculado) com a profundidade*

estroncas. Na realidade, o empuxo de terra propriamente dito foi responsável por 28% da carga total, mas essa subiria para cerca de 50% se tivesse havido um encunhamento das estroncas ao invés de uma pré-compressão (Massad, 1978a e 1979c).

O efeito da temperatura é tanto maior quanto mais rígidos forem os solos escorados. Além disso, nessas condições de maior rigidez, menores serão as cargas nas estroncas devidas aos empuxos de terra. A título de comparação, uma escavação em argila marinha mole em Santos (SP), Brasil, revelou que os incrementos de carga-temperatura eram comparáveis, em valores absolutos, àqueles observados nas argilas porosas vermelhas de São Paulo, mas, em valores relativos, apenas de 6 a 16% das cargas nas estroncas eram devidas ao efeito de temperatura. Sobre o assunto, veja Niyama et al (1982).

Um procedimento semi-empírico foi desenvolvido por Massad (1978a e 1979a) visando a levar em consideração a contribuição do efeito de temperatura nas cargas de cada uma das estroncas, como será descrito adiante.

b) Diagramas de pressão de terra

A Fig. 4.5 mostra os diagramas das pressões de terra aparentes, depuradas dos efeitos da temperatura. Observe-se que a envoltória máxima destes diagramas pode ser tomada como trapezoidal, com a pressão crescendo linearmente com a profundidade até o nível da estronca superior. A partir deste ponto torna-se constante e igual, aproximadamente, a $0,08\gamma H$. Em todas as seções experimentais, o nível freático encontrava-se abaixo do fundo da vala.

Para argilas rijas, fissuradas, Peck (1969) recomendou valores de 0,2 a $0,4\gamma H$ para a pressão máxima (vide Tab. 4.7). No entanto, entre os casos que apresentou, havia um que forneceu um limite mais baixo, da ordem de $0,1\gamma H$, referente à escavação, com 13,5 m de profundidade máxima, para a construção de um edifício em Clayton, Missouri, mencionada anteriormente (vide Tab. 4.4). Em relação ao metrô de Washington D.C., O'Rourke e Cording (1974a) relataram um limite de $0,25\gamma H$; mas também mencionaram cifras tão baixas quanto $0,15\gamma H$ para outras valas em Washington D.C., com 8,4 m de profundidade (Tab. 4.4).

Twine e Roscoe (1997) efetuaram um extenso levantamento de medições de campo, envolvendo 81 casos de obras, assim distribuídos: Reino Unido (25), EUA (23), Noruega (9), Singapura (7) e outros países do mundo, inclusive o Brasil (3). Dos 81 casos, 60 referem-se a paredes flexíveis e 21 a paredes rígidas. Quanto ao subsolo, em 23 casos os solos eram argilas rijas a muito rijas. Os três casos brasileiros referem-se às SE 1, 6 e 8 da Linha NS do metrô de São Paulo. Baseados no procedimento de Peck (1969), esses autores inovaram com a

4. Escavações nos Solos Sedimentares Intemperizados – Cidade de São Paulo 49

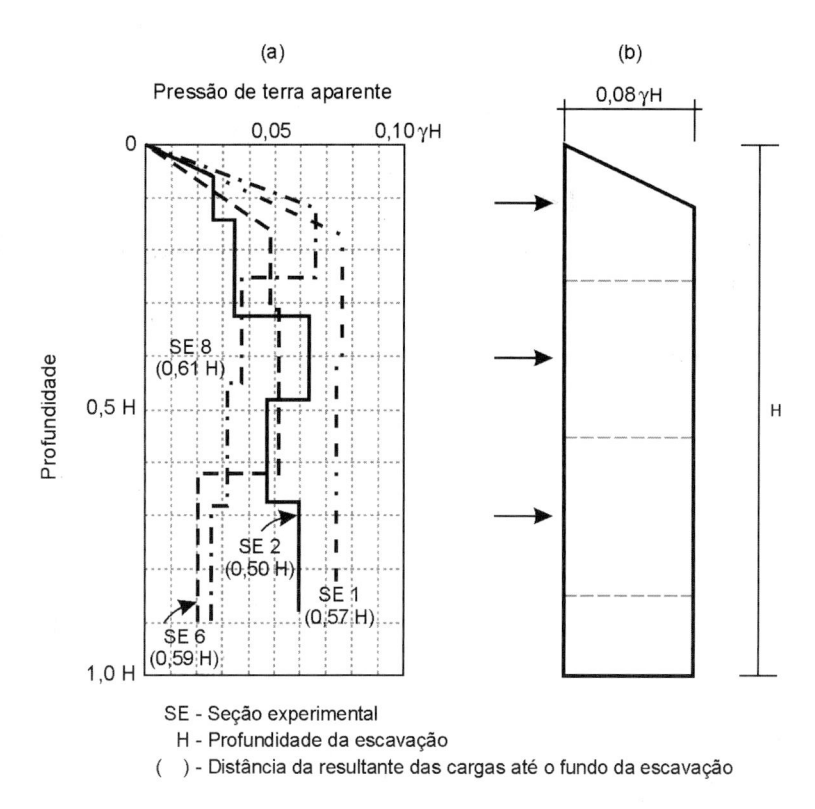

Fig. 4.5 a) Diagramas de pressões de terra aparentes, depuradas dos efeitos da temperatura; e b) envoltória máxima – solos sedimentares lateríticos e intemperizados da cidade de São Paulo

Tab. 4.7 Pressões de terra para argilas rijas e muito rijas

Fonte	Tipo de parede	Total de casos	$p/\gamma H$	$p_{min}/\gamma H$	Forma do diagrama	Procedimento
Peck (1969)	Flexível	6	0,2 a 0,4	0,1	Trapezoidal	Envoltórias dos diagramas de pressões aparentes
Twine e Roscoe (1997)	Flexível	13	0,3	0,25	Retangular	Envoltória dos diagramas das "pressões características"
	Rígida	10	0,5	0,24	Retangular	
Massad (1978a)	Flexível	4	0,08*	0,05	Trapezoidal	Envoltória máxima dos diagramas de pressões aparentes
Massad	Rígida	1	0,30*	-	Trapezoidal	Pressão máxima do diagrama de pressões aparentes

H : profundidade da escavação
γ : peso específico do solo
* : depuradas dos efeitos da temperatura
p : máxima pressão de terra
p_{min} : limite inferior de p

proposição de envoltórias dos diagramas das "pressões características" ou, simplesmente, envoltórias dos "diagramas característicos"– isto é, das pressões aparentes máximas nas estroncas com aproximadamente 5% de chance de serem excedidas – calculadas em cada nível de escoramento, em diferentes fases de escavação e sem depurar o efeito da temperatura. Com relação às argilas rijas, escoradas por paredes flexíveis (vide Tab. 4.7), recomendaram envoltória retangular com pressão de $0,3\gamma H$.

c) Comparação entre as cargas totais nas estroncas medidas e calculadas

Reportando-se novamente ao metrô de São Paulo, foi possível constatar, em relação às seções experimentais 1 e 8, que o somatório das cargas medidas nos vários níveis de estroncas, já descontado o efeito da temperatura, era igual ao empuxo ativo de Rankine, atuante em toda a altura da parede de escoramento. Com relação às seções experimentais 2 e 6, a carga total atingiu apenas 50% deste empuxo. Coincidentemente, em relação a estas últimas seções, os deslocamentos máximos horizontais foram da ordem de 0,04 a 0,05%H, respectivamente; já para a Seção 1, foi de 0,14%H, como antes mencionado. Neste contexto, Bjerrum (1972) indica cifras de 0,1%H como suficientes para mobilizar a resistência ao cisalhamento em areias densas escoradas, a maioria dos casos recaindo na faixa de 0,4 a 1%H, podendo atingir até 2%H. No mesmo sentido, Peck (1969) alerta que para valas rasas, em argilas moles, ou valas profundas, em solos rijos, os métodos de equilíbrio limite não podem ser aplicados a materiais que não estão em estado plástico.

Finalmente, a conversão das resultantes de Rankine em diagramas de pressões trapezoidais, como os indicados na Fig. 4.5b, conduziram a valores de pressões máximas (p_{max}) tais que $p_{max}/\gamma H$ igualou 0,076 para a SE1; 0,071 para a SE6; 0,034 para a SE8 e 0,092 para a SE2. Como se vê, com exceção da SE8, essas cifras aproximam-se bem do valor 0,08, correspondente à envoltória dos diagramas das pressões aparentes, apresentados na Fig. 4.5b.

4.3.3 Pressões de terra em paredes relativamente rígidas

Das seções experimentais com paredes relativamente rígidas (ver Tab. 4.2), somente a SE 7 possuía dados necessários para uma análise mais completa. Mas todas elas auxiliaram na compreensão da influência da temperatura nas cargas das estroncas e da perda de carga durante as operações de pré-compressão das estroncas, assim como das vizinhas. Sobre esse último assunto, veja Massad, (1979c).

Para a SE 7, os 2,2 m superiores das paredes eram constituídos por estacas metálicas, com espaçamento de 1,5 m, e pranchões de madeira e, os 16,7 m restantes, por parede-diafragma, com 0,80 m de largura. Desta forma, as estroncas do nível A foram simplesmente encunhadas, enquanto as dos níveis B, C e D foram pré-comprimidas, com 70% das cargas máximas esperadas.

A Tab. 4.8 mostra que os gradientes de carga-temperatura eram praticamente constantes em relação à profundidade, para os níveis B, C e D. Como conseqüência, o efeito da temperatura diminuiu com a profundidade. Em média, 75% das cargas nas estroncas foram causadas pelo empuxo de terra.

Tab. 4.8 *Parede relativamente rígida: separação das cargas nas estroncas*

SE N°	Nível	Estronca (perfil)	T_{max} (°C)	ΔT (°C)	C_{max} (kN)	G (kN/°C)	$\bar{G}$	Distribuição das cargas (%)	
								(1)	(2)
7	A	2 I 12"	41	19	36	0,7	2,0%	64	36
	B	2 I 12"	39	17	358	6,1	17,1%	71	29
	C	2 I 15"	34	12	540	8,2	22,0%	82	18
	D	2 I 15"	30	9	449	7,8	20,9%	84	16

SE : Seção experimental
ΔT : Diferença entre T_{max} e T_{min} (medidas)
C_{max} : Carga máxima
G : Gradiente médio de carga-temperatura
(1) : Pressão de terra + pré-compressão

T_{max}: Temperatura máxima (medida)
T_{min}: Temperatura mínima (medida)
$\bar{G}$: Grau de restrição ($\bar{G}=G/E_a S_a$)
(2) : Efeito da temperatura

A Fig. 4.6 mostra o diagrama das pressões de terra aparentes, obtido após correção das cargas medidas dos efeitos da temperatura. Em relação à parte rígida da parede, a pressão máxima é da ordem de 0,3 γH, menor do que a cifra de 0,5 γH proposta por Twine e Roscoe (1997), mostrada na Tab. 4.7. Mas é superior ao valor mínimo dessa pressão (0,24 γH), referente a um dos dez casos de estudos compilados por esses autores.

4.3.4 Procedimento para o cálculo das cargas nas estroncas

Massad (1979b) propôs um procedimento para calcular as cargas em cada uma das estroncas levando em conta a pressão de terra e o efeito de temperatura, isto é, a dilatação térmica do aço das estroncas.

Para calcular a pressão de terra para paredes flexíveis, basta usar a envoltória mostrada na Fig. 4.5b; alternativamente, adotar um diagrama trapezoidal de

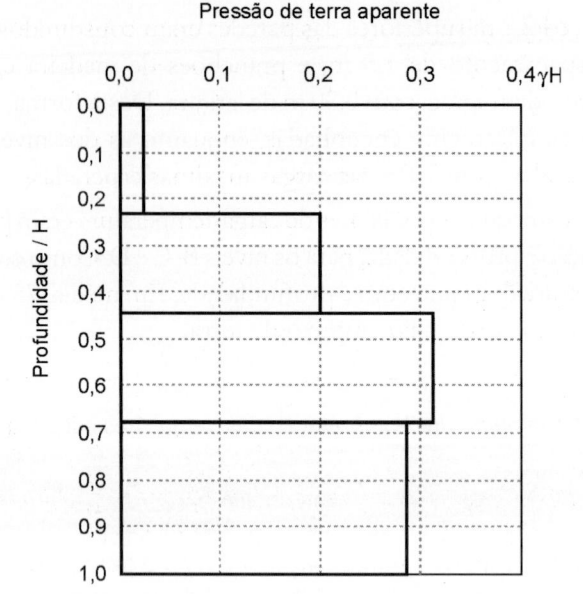

Fig. 4.6 *Diagramas de pressão de terra aparente em parede rígida – solos sedimentares lateríticos e intemperizados (SE7)*

pressões, com resultante igual ao Empuxo Ativo de Rankine. Para paredes "relativamente" rígidas, pode-se valer dos dados da Tab. 4.6.

a) Estimativa dos gradientes máximos de carga-temperatura

No que se refere à temperatura, o seu efeito nas cargas das estroncas pode ser calculado multiplicando-se os gradientes de carga-temperatura pelo incremento máximo de temperatura para cada nível de escoramento. Como esse incremento depende das características contingentes acima mencionadas, foi introduzido o conceito de gradiente máximo de carga-temperatura e sua envoltória, que foi estabelecida permitindo que os incrementos de temperatura assumissem valores dentro das faixas efetivamente observadas em campo (vide Fig. 4.4). Fórmulas práticas foram desenvolvidas para calcular o gradiente máximo de carga-temperatura (G_{max}), como segue:

a) para paredes flexíveis (estacas metálicas com pranchão de madeira e longarinas):

$$G_{max} = \frac{0,5 \cdot E_a \cdot S_a \cdot \alpha}{1 + 2 \cdot \eta} \qquad (1)$$

b) para paredes relativamente rígidas (diafragma e estacas justapostas de concreto):

$$G_{max} = \frac{0{,}5 \cdot E_a \cdot S_a \cdot \alpha}{1 + \eta} \quad (2)$$

Nestas expressões:

$$\eta = \frac{E_a \cdot S_a}{\ell \cdot E_s \cdot t} \quad (3)$$

onde E_a é o módulo de Young para o aço; α, o coeficiente de dilatação térmica do aço, igual a $1{,}1 \times 10^{-5}/°C$; S_a, a área de seção transversal das estroncas; ℓ o comprimento das estroncas; E_s, o módulo de elasticidade do solo, média ao longo da altura da parede; e t, o espaçamento horizontal entre estroncas adjacentes.

Fisicamente, a oscilação da temperatura ao longo do tempo implica em dilatações e contrações das estroncas, que impõem um carregamento cíclico contra o solo escorado, com baixos incrementos e decréscimos de tensões. Para essa condição, Massad (1978a e 1979b) determinou valores de E_s para os solos intemperizados da cidade de São Paulo, que permitiram reescrever a expressão (3) da seguinte forma:

$$\eta = \beta \cdot \frac{S_a}{D \cdot t \cdot \ell} \quad (4)$$

com S_a, em cm²; D, t e ℓ em metros e β é um parâmetro que depende dos tipos de solo e de parede, como mostra a Tab. 4.9.

No caso de camadas mistas destes solos, recomenda-se tomar a média ponderada dos β em toda a altura da parede de escoramento D. Nessa formulação levou-se em conta o fato de E_s ser maior para solos contidos por paredes relativamente rígidas do que por paredes flexíveis (Massad, 1978a e 1979b).

b) Estimativa conservadora do efeito da temperatura: paredes flexíveis e relativamente rígidas

Uma estimativa das cargas nas estroncas, por efeito da dilatação térmica do aço, é multiplicar G_{max}, das expressões (1), paredes flexíveis, ou (2), paredes

Tab. 4.9 *Valores do parâmetro b para solos intemperizados da cidade de São Paulo*

Tipo de solo	Paredes flexíveis	Paredes rígidas
Argilas porosas vermelhas	6,00	3,00
Argilas rijas vermelhas	4,50	2,25
Solos variegados	3,00	1,50

relativamente rígidas, pela variação máxima de temperatura (ΔT_{max}) esperada para o local da escavação – que, no caso do metrô de São Paulo, foi da ordem de 30°C. Esse procedimento é considerado satisfatório para paredes relativamente rígidas e conservador para paredes flexíveis pois, como já se viu, os gradientes de carga-temperatura são aproximadamente constantes para as primeiras e crescem com a profundidade para as segundas.

Para uma vala hipotética, com parede flexível e com as características geométricas da seção experimental 2 do metrô de São Paulo, foi preparado o gráfico da Fig. 4.7, que mostra incrementos de $\Delta p/\gamma H$ a serem acrescentados aos valores de $p/\gamma H$ devidos ao empuxo de terra (Fig. 4.5b). A título de ilustração, a

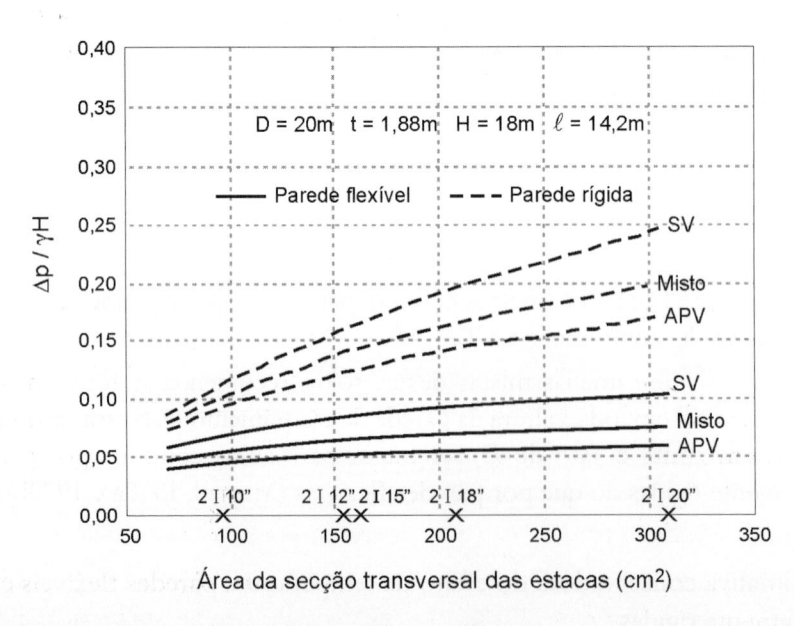

Fig. 4.7 *Incremento nas pressões aparentes, resultante do efeito da temperatura. Vala hipotética com cinco níveis de estroncas. APV (argilas porosas vermelhas); SV (solos variegados) e Misto (argilas porosas vermelhas sobre solos variegados). (ΔT_{max}=30°C)*

mesma figura mostra os correspondentes valores fosse a parede "relativamente" rígida. Esses incrementos estão apresentados em função da área da seção transversal das estroncas (perfis metálicos) e consideraram-se três situações quanto ao subsolo: a) argila porosa vermelha (APV); b) solos variegados (SV); e c) argila porosa vermelha sobre solos variegados, meio a meio (misto).

Conclui-se que o diagrama final, englobando os efeitos das pressões de terra e da temperatura, depende não só do tipo de solo como também das características do escoramento (tipo de parede e dimensões das estroncas) e, obviamente, da máxima variação de temperatura (ΔT_{max}). Não há, portanto, como transformá-lo numa prescrição.

c) Estimativa mais otimista do efeito da temperatura: paredes flexíveis

Massad (1978a; 1979b) apresentou um procedimento mais otimista para estimar essas cargas para paredes flexíveis, que foi adotado pela Companhia do Metropolitano de São Paulo (1980), como referência para os projetistas. O procedimento considera o fato de que, em relação aos solos lateríticos e intemperizados da cidade de São Paulo, o E_s aumenta com a profundidade. Como conseqüência, G_{max}, dado pela expressão (1), ocorre no nível mais baixo de escoramento. Para a estronca do nível i, pode-se usar a seguinte expressão:

$$G^{(i)}_{max} = \frac{0{,}5 \cdot E_a \cdot S_a \cdot \alpha}{1 + 2 \cdot \eta} - \frac{d_i}{140} \cdot E_a \cdot S_a \cdot \alpha \qquad (5)$$

na qual d_i é a distância, em metros, da estronca do nível i até a estronca do nível mais baixo do escoramento.

A Fig. 4.8 mostra, para $\Delta T_{max}=30°C$, como variam as cifras de $\Delta p/\gamma H$ para uma vala hipotética, com as características geométricas da seção experimental 2 do metrô de São Paulo, em função: a) do nível das estroncas; b) do perfil metálico usado como estronca; e c) do tipo de solo escorado.

d) Grau de restrição de uma estronca: paredes flexíveis ou rígidas

O parâmetro $\overline{G}=G/E_a S_a \alpha$ das Tabs. 4.6 e 4.8 indica o "grau de restrição" de uma estronca, isto é, a relação, por unidade de temperatura, entre a carga medida numa estronca e a carga que nela se instalaria se suas extremidades estivessem impedidas de se deformar. De sua análise conclui-se que:

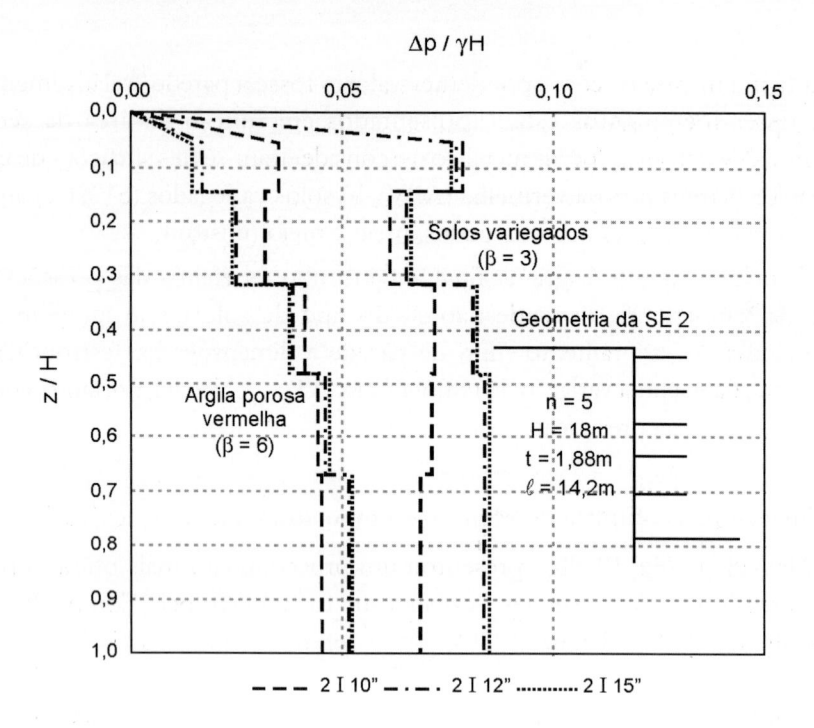

Fig. 4.8 Incremento nas pressões aparentes, resultante do efeito da temperatura na dilatação térmica das estroncas. Vala hipotética de paredes flexíveis, com 5 níveis (n) de estroncas ($\Delta T_{max}=30°C$); z é a profundidade

a) para paredes flexíveis, o "grau de restrição" ($\overline{G}$) varia entre 2 e 15%. Twine e Roscoe (1997) encontraram uma variação entre 10 e 25%, podendo chegar a 40%;

b) para paredes relativamente rígidas, oscila em torno dos 20%, contra valores que variaram entre 20 e 40%, de Twine e Roscoe (1997), para solos com rigidez semelhante.

A Fig. 4.9 ilustra variações do "grau de restrição" com o tipo de parede, as dimensões do escoramento e o solo escorado. Para a sua construção foram empregadas as expressões (1), (2) e (4). Adotou-se, para o produto $D.t.\ell$, valores que abrangem os casos listados na Tab. 4.2, e, para β, os valores indicados na Tab. 4.9 para os solos da cidade de São Paulo.

Conclui-se que o "grau de restrição" varia na faixa de 5 a 35%, para paredes flexíveis, e 20 a 45% para paredes relativamente rígidas, cifras estas mais condizentes com os valores de Twine e Roscoe (1997), citados acima.

Aliás, para levar em conta o efeito da temperatura, o procedimento proposto por esses autores segue uma das recomendações da British Standard (BS5400) para estruturas metálicas em geral: escolher uma variação de temperatura pequena (por exemplo, 10°C), e admitir 100% de grau de restrição. As cargas nas estroncas assim calculadas são acrescidas àquelas provenientes do empuxo de terra; em seguida verifica-se se as cargas resultantes não ultrapassam os estados limites de serviço e último. Caso não atendam a essas condições, sugerem usar estroncas mais resistentes ou reduzir o seu espaçamento. Como foi citado anteriormente, as pressões máximas dos "diagramas característicos" (Tab. 4.7) de Twine e Roscoe (1997) não estão depuradas dos efeitos das temperaturas nas cargas medidas nas estroncas.

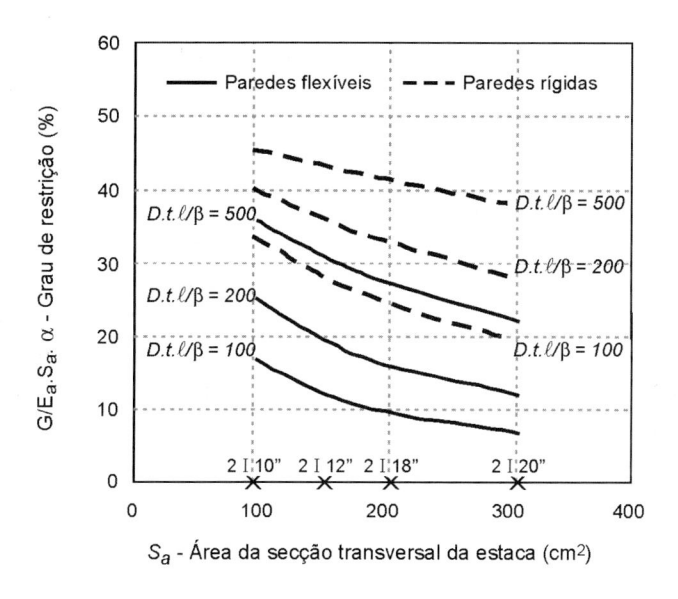

Fig. 4.9 *Ilustração da variação do "grau de restrição" com o tipo de parede, as dimensões do escoramento (D, t e ℓ) e com o solo escorado (β)*

4.3.5 Sobre os cuidados a tomar na instalação das estroncas

Deve-se tomar cuidado no momento da instalação das estroncas, no que se refere à pré-compressão ou ao encunhamento. Dados sobre as seções experimentais do metrô de São Paulo mostraram que a pré-compressão pode reduzir as cargas em escoras adjacentes em até 20%. Por outro lado, ela interage com o efeito de temperatura: sempre que paredes "relativamente" rígidas forem construídas, medidas de precaução têm que ser tomadas para atingir a pré-compressão definida na fase de projeto (Massad, 1979c), como, por exemplo, executá-la, de preferência, à noite.

4.3.6 Sobre a economia no escoramento

A economia na escavação e escoramento de valas escavadas a céu aberto está na dependência dos recalques tolerados nas suas imediações. De fato, é possível imaginar um escoramento projetado para não entrar em colapso mas que, no entanto, permitirá movimentação excessiva do solo escorado.

Assim, a economia depende mais do espaçamento entre estroncas, cuja maximização possibilita reduzir a quantidade de material e facilitar a escavação, do que das cargas nas estroncas (Bjerrum et al, 1965).

No caso do metrô de São Paulo, Massad (1979b) mostrou que a aplicação dos procedimentos indicados acima para a estimativa das cargas nas estroncas permitiria economizar cerca de 40% em peso de perfis metálicos. A condição para isso é a alteração do método construtivo quanto ao reaterro das valas, para reduzir os recalques nas suas imediações. Como se viu acima, a maior parte dos recalques nas seções experimentais ocorreu nas fases de reaterro.

Além disso, uma análise da Tab. 4.6, última coluna, permite concluir que, excetuando a SE 1, as cargas máximas medidas nas estroncas, média em cada nível, correspondem de 25% a 75% da carga de projeto. Em termos de cargas totais, essa relação é de aproximadamente 45%. Enfatiza-se que para o novo procedimento sugerido, essa cifra é da ordem de 65%, conduzindo também a sobre-estimativas da carga nas estroncas, mas com duas diferenças: a) permite economia no escoramento; e b) leva em conta o efeito da temperatura, o que não ocorreu com os cálculos de projeto.

4.3.7 Sobre o uso de tirantes em escavações escoradas

O uso de tirantes permanentes tem sido tema de debate no exterior e também entre nós. Lumb (1979b) e Brand (1982) questionaram o seu uso devido ao problema de proteção adequada contra a corrosão.

Ademais, tirantes que traspassam sob edifícios adjacentes às escavações podem causar danos estruturais, além do que precisam ser aliviados da carga de protensão quando já não são mais necessários. Nos solos sedimentares lateríticos e intemperizados da cidade de São Paulo, em fins de 1971, a injeção de nata de cimento para formar os bulbos dos tirantes do primeiro e segundo níveis de uma vala escorada de 12 m de profundidade provocou o levantamento de um edifício de quatro andares nas imediações de escavação relacionada à construção do metrô de São Paulo. Inicialmente, com o desenvolvimento da escavação até o nível da primeira camada de tirantes, ocorreram recalques de até 2 mm num dos cantos do prédio. Por ocasião das mencionadas injeções, um ponto situado no canto oposto do prédio, também adjacente à escavação, sofreu um levantamento de 20 mm, provavelmente devido à nata de cimento injetada sob pressão. Como conseqüência, os andares superiores foram mais afetados pelas rachaduras (Sousa Pinto, 1971).

Ancoragens provisórias com tirantes foram empregadas na construção do metrô de São Paulo, no escoramento de argilas porosas vermelhas (laterizadas) e nos solos variegados (sedimentos intemperizados). Perdas de carga de até 34% foram observadas ao longo do tempo (alguns meses), com média de 19%; parte delas foram atribuídas ao tensionamento dos tirantes adjacentes e parte ao fenômeno de fluência que, nas condições típicas deste local, podiam ser responsáveis por 25% das perdas (Martins, 1982).

Em termos de capacidade de carga, os tirantes injetados com pressões médias de 400 a 3.500 kPa, em diâmetros de perfuração entre 10 e 25,4 cm e comprimentos de bulbo entre 6 e 12 m, apresentaram valores médios de carga-limite de 100kN/m de bulbo (tirantes de 40 t) e 120kN/m de bulbo (tirantes de 60 t), independentemente do tipo de solo, ou seja, solos sedimentares lateríticos ou intemperizados da cidade de São Paulo (Ferrari, 1980). A título de comparação, essas cifras são coerentes com resultados obtidos por Strobl (1970), entre 100 e 150 kN/m de bulbo, para sedimentos quaternários e solos residuais de granito e gnaisse da cidade do Rio de Janeiro.

4.3.8 Conclusões

Apesar de serem classificados como solos moles a médios em relação à resistência à penetração (SPT), os sedimentos intemperizados da cidade de São Paulo se comportam como solos rijos em escavações escoradas. Para paredes de escoramento flexíveis, os deslocamentos laterais foram inferiores a 0,1%H e a envoltória de pressão de terra aparente revelou um valor máximo de 0,08 γH, inferior ao que seria esperado se comparado a solos sedimentares rijos de climas temperados. Além disso, as pressões que correspondem ao estado ativo são, em geral, inferiores ao que seria estimado por cálculos convencionais. Lumb (1979b), trabalhando com solos residuais em Hong Kong, e Wirth et al (1982), com solos residuais e saprolíticos em Baltimore, chegaram à mesma conclusão. Esta constatação serve como uma advertência quanto ao uso indiscriminado dos métodos empíricos, baseados em envoltórias de pressão de terra aparente, obtidas para solos de outras origens e em diferentes condições de nível de água: eles só devem ser empregados se houver confirmação com medições de campo.

Outra conclusão é que o efeito da temperatura é relevante para o projeto dos escoramentos em solos rijos, porque as cargas nas estroncas, oriundas das pressões de terra propriamente ditas, são relativamente pequenas, podendo ser superadas pelas cargas devidas ao efeito de temperatura (dilatação térmicas das estroncas).

Quanto aos recalques nas imediações das valas, tudo leva a crer que dependem muito mais do método construtivo (seqüência de escavação, tempo de espera para instalação do sistema de escoramento, entre outros detalhes) e da rigidez do sistema de escoramento do que da natureza do material escorado. Muitos autores chegaram à mesma conclusão, tais como D'Appolonia (1971) e O'Rourke e Cording (1974a e 1974b) para solos de clima temperado; Massad (1978a e 1978b) para solos lateríticos e intemperizados da cidade de São Paulo e Wirth et alii (1982) para solos saprolíticos e residuais de Baltimore. Foram feitos esforços a fim de se avaliar estes recalques por meio de modelos matemáticos, embora haja dificuldades, tais como a determinação dos parâmetros geotécnicos apropriados, amostras representativas do solo e as condições reais de carregamento.

5
Escavações em Solos de Decomposição de Rochas do Pré-Cambriano

5.1 Considerações Gerais

De acordo com Vargas (1974), em trabalho que resumiu os conhecimentos adquiridos em décadas de estudos na Região Centro-Sul do Brasil, distinguem-se duas áreas do Pré-Cambriano com características climáticas e geomorfológicas distintas, a saber, a região da Serra do Mar e a região do mar de morros.

A região da Serra do Mar estende-se de Florianópolis (Santa Catarina) até Vitória (Espírito Santo), com escarpas íngremes, cobertas por floresta sub-tropical, clima úmido durante o ano inteiro, com média anual de precipitação pluviométrica em torno de 2.000 mm, podendo atingir até 6.000 mm em alguns locais. Os meses mais secos, no inverno, apresentam precipitações superiores a 100 mm por mês. A temperatura média anual é de cerca de 22°C. Geologicamente, predominam as rochas gnaisse, micaxisto e granito, e os solos de decomposição, quando existentes, são predominantemente saprolíticos, com espessuras que podem atingir de 50 a 80 m (*apud* Vargas, 1974). Nesta região, a rocha pode estar exposta devido à elevada declividade dos morros. No sopé dos morros, há alguns depósitos de tálus, que também sofreram processo de laterização.

Por outro lado, a região de mar de morros apresenta, como afirmado pelo mesmo autor, relevo montanhoso mais suave, coberto por pastos e florestas, estendendo-se pela maior parte dos Estados do Rio de Janeiro e Minas Gerais e parte do Estado de São Paulo. As rochas são metamórficas (filitos, micaxistos, gnaisses e migmatitos) com intrusões de granito e quartzito. No inverno, o clima é seco (menos de 50 mm por mês) e, no verão, úmido. A precipitação pluviométrica e a média de temperatura anuais são, respectivamente, de 1500 mm e 23°C.

A rápida expansão urbana da cidade de São Paulo, com a ocupação de extensas áreas periféricas por loteamentos e conjuntos habitacionais, tem confirmado as descrições feitas por Nogami (1977), de que as unidades constituídas de rochas metamórficas quase sempre são associações complexas de mais de um tipo de rocha. Por exemplo, granitos-migmatitos; gnaisses-migmatitos, micaxistos-filitos-gnaisses etc. Os contatos são difíceis de serem diferenciados, já que vão do tipo intrusivo até o gradual. A situação se torna mais complicada se forem consideradas as intrusões de rochas ígneas (granitos, pegmatitos, veios de quartzo e diques de diabásios).

Os falhamentos são freqüentes e podem levar de maciços cisalhados até milonitizados e cataclásticos. Além disso, a xistosidade é tanto mais intensa quanto menor o grau de metamorfismo e os sistemas de diaclasamentos são, em geral, bem desenvolvidos, e nos gnaisses ocorrem diáclases do tipo alívio de tensões (*sheeting*) (apud Nogami, 1977). Para os granitos, o diaclasamento ocorre em planos triortogonais e, ocasionalmente, em outras direções, face ao alívio de tensões: a compartimentação, associada a esse diaclasamento, pode dar estabilidade a cortes neste tipo de material. A presença de matacões na superfície dos terrenos, ou imersos nos solos de alteração, é uma das características marcantes que permitem identificar os granitos.

Algumas das características destes solos foram descritas por Nogami (1977) e são apresentadas a seguir, *in generis*:

a) A camada superior compreende solo argilo-arenoso, de coloração vermelha, amarela ou laranja, com pequena espessura, tanto para rochas metamórficas como para o granito. Neste último, podem ocorrer matacões, como assinalado acima. Quando laterizada, esta camada apresenta estrutura porosa, elevada resistência e estabilidade ao corte.

b) A camada de solo saprolítico apresenta espessura de vários metros, podendo atingir dezenas de metros no caso das rochas metamórficas. Em relação aos granitos, os solos de decomposição são siltosos ou arenosos com cores variegadas; além da presença de matacões, podem-se observar sinais de três diaclasamentos ortogonais herdados da rocha-mãe. Quanto às rochas metamórficas, os graus de decomposição podem ser diferenciados não só em profundidade, como lateralmente, em virtude da presença de fraturas e tipos diferentes de rochas. Isto confere aos solos saprolíticos, siltosos ou areno-siltosos, uma enorme heterogeneidade que, à semelhança dos granitos, são variegados. Outra característica notável destes solos é a macro-estrutura constituída de xistosidade e listras herdadas da rocha-mãe, que imprimem anisotropia ao maciço terroso. Os gnaisses e granitos podem dar origem a solos granulares conhecidos como "saibros". Problemas de escavação nos solos saprolíticos de granitos podem estar associados à queda de blocos, diante do descalçamento provocado pela remoção dos solos que os envolvem. Quanto às rochas metamórficas, a situação pode ser mais complexa, pois a estabilidade depende, freqüentemente, da xistosidade, acamamento e diaclasamento herdados da rocha-mãe.

c)A camada de rocha alterada apresenta pequeno desenvolvimento nos granitos e gnaisses. Ao contrário, para os micaxistos e filitos a espessura da rocha intemperizada é grande e a transição com o solo saprolítico é quase imperceptível.

5.2 Estudos de Casos

Foram inúmeros os trabalhos que envolveram escavações no Pré-Cambriano da Região Centro-Sul do Brasil. As obras, apresentadas na Tab. 5.1 e descritas a seguir, foram escolhidas por apresentarem registros mais ou menos completos, ou porque estavam em disponibilidade. Outras obras poderiam ser citadas e talvez tenham caído num esquecimento, todavia involuntário.

5.2.1 Estudos de caso nos quais os taludes eram estáveis, exceto por pequenos problemas

Algumas escavações apresentaram problemas menores, como nos três primeiros casos que constam da Tab. 5.1, envolvendo escavações em solos saprolíticos derivados de granito e gnaisses, com profundidades de até 20 m e taludes com inclinações variadas. De acordo com Nakao (1984), houve pequenos problemas apenas no caso do *cut-off* da barragem Paraibuna: os taludes eram vulneráveis à ação erosiva das águas pluviais, em conseqüência da alta concentração de frações siltosas e arenosas nos solos expostos. Além disso, surgiram trincas de ressecamento e ocorreram alguns desmoronamentos em locais onde foram feitos cortes muito íngremes.

5.2.2 Estudo de caso de escorregamento profundo

O caso se refere a escorregamento de corte feito no talude da ombreira esquerda da barragem Euclides da Cunha, para a construção de seu vertedor. Essa obra situa-se nas imediações de São José do Rio Pardo, no Estado de São Paulo, junto à borda da Bacia Sedimentar do Paraná, onde ocorrem rochas cristalinas do Pré-Cambriano, incluindo gnaisses-graníticos, com pequenas intrusões de pegmatito. O subsolo era constituído de uma camada de solo areno-

Tab. 5.1 *Escavações não escoradas em solos de decomposição de rochas do Pré-Cambriano – Região Centro-Sul do Brasil*

Caso	Local	H (m)	α	Rocha mãe	Problemas	Referência
Canal do rio Guaraú	Cidade de São Paulo	10	45°	Granito	-	Nakao (1984)
Estação de tratamento de esgotos (ABC)	ABC, Estado de São Paulo	10	63°	Gnaisse	-	Nakao (1984)
Cut-off da barragem rio Paraibuna	Paraibuna (SP)	20	34°	Biotita-gnaisse	Erosão e trincas de ressecamento	Nakao (1984)
Vertedor da barragem Euclides da Cunha	S. José do Rio Pardo (SP)	-	53°	Gnaisses-granítico	Escorregamento profundo	Vargas (1966)
Vila Juçara	Cidade de São Paulo	20	60 a 90°	Gnaisses-granítico	Escorregamento	Carlstrom e Gama (1983)
Itapevi	Cidade de São Paulo	25	70°	Migmatito	Erosão e escorregamento	Pedrosa (1984)
Vertedor da barragem Jacareí	Jacareí (SP)	60	45°	Gnaisse	Escorregamento condicionado por estruturas reliquiares	Queiroz (1965) Oliveira (1967)
Vertedor da barragem rio Verde	Curitiba (PR)	44	34°	Anfibólio-biotita-gnaisse	Instabilizações condicionadas por estruturas reliquiares	Massad e Teixeira (1985b)

H : profundidade da escavação   α : inclinação do talude

argiloso vermelho, coluvionar ou residual, seguido de camada de solo saprolítico silto-arenoso, com espessuras variando de 5 a 30 m, sobrejacente a rocha intemperizada.

Segundo Vargas (1966), e como já foi mencionado anteriormente, o primeiro escorregamento (Fig. 2.1) ocorreu em 18 de julho de 1956, durante a estação seca, portanto sem saturação ou o desenvolvimento de pressões neutras, e foi provocado por um corte na encosta, num ângulo de 53° (talude 3V:2H). O material escorregado era constituído de solo areno-argiloso e apresentava grande quantidade de blocos de rocha. Como se viu anteriormente, ensaios de cisalhamento direto, feitos em amostras de solo, revelaram parâmetros de resistência ao cisalhamento compatíveis com os valores inferidos de retro-análise da ruptura, mostrando que a presença de blocos não afetou significativamente a massa que deslizou.

Baseados nestes parâmetros, Vargas (1966) concluiu que a estabilidade de um talude de 1:1 seria precária durante chuvas de grande intensidade. Mesmo correndo o risco de ruptura, a proprietária da obra optou pela estabilização do talude após a conclusão da barragem. Em fevereiro de 1960, quando a obra estava quase concluída, ocorreu um segundo escorregamento (Fig. 5.1) que foi corrigido abrindo-se um patamar no seu topo, através de um corte, e gramando-se o talude. Em 1965, quase quatro anos após a inauguração da obra, "o material do escorregamento de 1960 desmoronou completamente, acumulando-se na plataforma da cota 670 m, entre o talude e o vertedor" (Vargas, op. cit., p. VI-40).

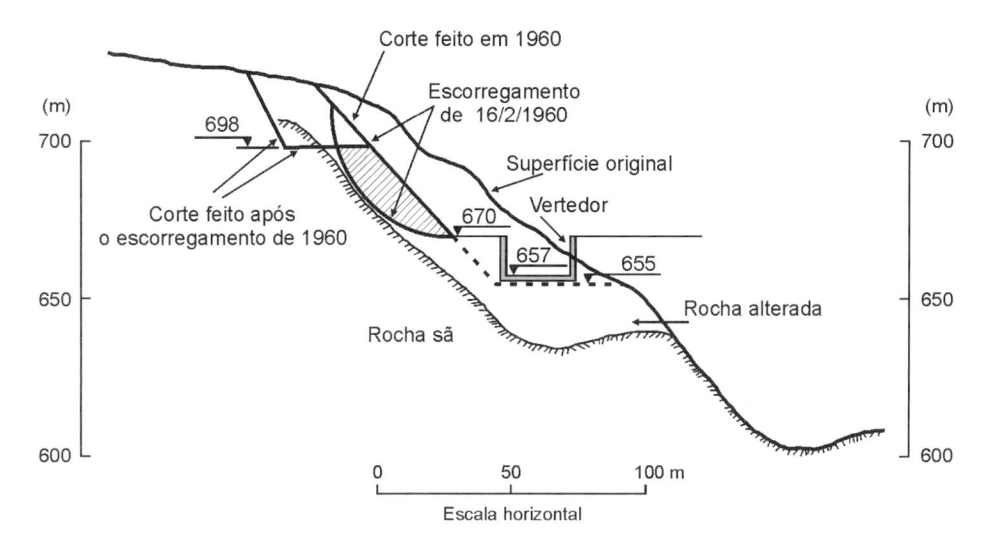

Fig. 5.1 *Vertedor da barragem Euclides da Cunha – segundo escorregamento, de 16/02/1960 e corte no topo* (apud *Vargas, 1966*)

5.2.3 Estudos de caso nos quais não foi usado projeto de engenharia

Durante o episódio de chuvas pesadas, de fins de maio ao começo de junho de 1983, ocorreram muitos deslizamentos de terra em toda a cidade de São Paulo, causando muitas vítimas fatais e danos a residências e ruas. No período entre 28 de maio e 6 de junho, a precipitação pluviométrica acumulada foi de 212 mm, considerada muito elevada para esta época do ano, que corresponde ao início da estação seca (50 mm/mês); no verão, a média máxima mensal registrada entre 1953 e 1970 foi de 228 mm.

Um dos deslizamentos de terra ocorreu em Vila Juçara, numa região de falhas em migmatitos e gnaisses-graníticos, com foliação subvertical (80 a 90° de mergulho). O local, onde se pretendia construir casas, exigiu uma escavação de grandes proporções, com profundidade máxima de 20 m e taludes conforme indicados na Fig. 5.2a, que também mostra o perfil de subsolo. Acima do corte, o terreno natural apresentava declividade inferior a 30°. As águas da chuva passaram pelas juntas reliquiares, propiciando o desprendimento de lascas do solo saprolítico e blocos de rocha alterada, de vários tamanhos, bem como as movimentações da massa de terra sobrejacente. Como conseqüência, abriram-se fendas na superfície dos solos lateríticos que, ademais, sofriam descalçamentos em suas bases, resultando em escorregamentos que levaram à destruição de três casas. Os procedimentos de correção adotados foram o abatimento do talude em solos e sua impermeabilização para enfrentar os processos erosivos; a regularização do talude em rocha para evitar o deslizamento de blocos de rocha e um sistema de drenagem para controlar o escoamento das águas pluviais (apud Carlstron e Gama, 1983).

Outro caso, em que se usou pouco ou nenhum projeto de engenharia ocorreu na mesma época, a oeste da cidade de São Paulo. Foi em Itapevi, onde se construiu um grande conjunto habitacional. Geologicamente, ocorre na área um migmatito, do fácies Cantareira, com relevo na forma de morrotes alongados, paralelos, de topos arredondados, com densa drenagem em vales fechados. O perfil de intemperismo é mostrado na Fig. 5.2b. Observe que a camada de solo saprolítico é constituída de solos arenosos, envolvendo blocos métricos de rocha pouco alterada. O corte, com 25 m de altura e talude com 70° de inclinação, permaneceu estável durante dois anos e as primeiras instabilidades ocorreram após as chuvas de maio-junho de 1983. No início, as rupturas eram pequenas, mas progrediram atingindo grande extensão do talude, envolvendo 6 m de solo superficial. Segundo Pedrosa (1984), o que causou essas rupturas foi a dupla ação das águas de chuvas primeiro, formando sulcos de erosão no solo saprolítico na

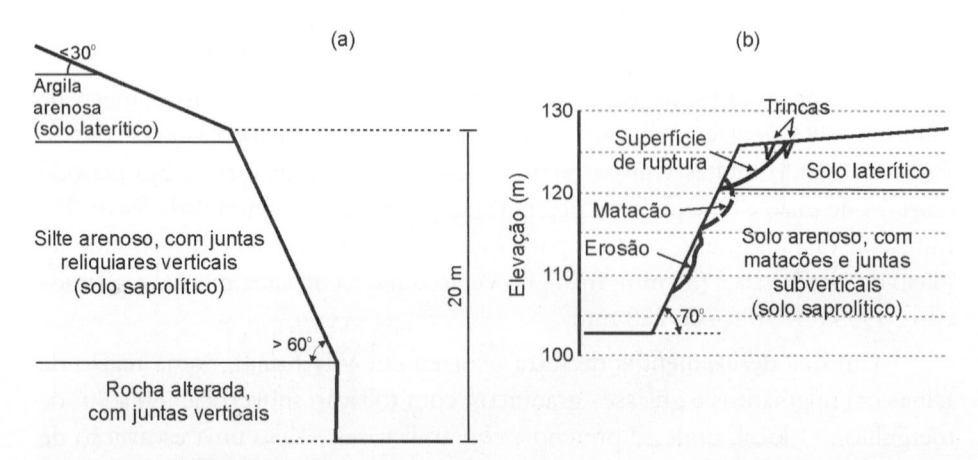

Fig. 5.2 *Deslizamentos de terra em: a) Vila Juçara; e b) Itapevi, ambas nos arredores da cidade de São Paulo*

face desprotegida do talude, o que propiciou a queda dos matacões; segundo, provocando o desplacamento de material dessa camada, face à presença de descontinuidades (juntas) subverticais. O resultado foi um descalçamento do talude, na base do solo superficial, que levou à sua movimentação e às conseqüentes formações de trincas e preenchimento com água, donde os escorregamentos do solo superficial (argila laterítica), conforme mostra esquematicamente a Fig. 5.2b.

Casos como esses, ocorridos na região da Grande São Paulo, resultaram na proposição de medidas simples para garantir a estabilidade de escavações não escoradas, tais como a instalação de um sistema de drenagem eficiente, associado à proteção superficial dos taludes. E, mais do que isso, no projeto de loteamentos e conjuntos habitacionais, tem havido uma preocupação em minimizar cortes e aterros, usando plataformas em degraus, conformando-se ao relevo da região e evitando a obstrução da drenagem natural.

Flintoff et al (1982), em trabalho já mencionado, descrevem detalhadamente as recomendações para as escavações nos morros íngremes de Hong Kong. Como os problemas de erosão são preocupantes durante as tempestades tropicais, as faces dos taludes têm que ser obrigatoriamente protegidas por *chunam* – uma mistura de argila, cimento e cal, numa proporção em peso de 20:1:1 (Gerscovich et al, 2004) – ou usando grama. Além disso, todas as bermas devem ser protegidas com um piso de concreto, bem como devem-se instalar canaletas para interceptar as águas pluviais; a manutenção deste sistema de drenagem é imperiosa. A proposta destes autores também é muito interessante quanto a minimizar as escavações para a implantação de conjuntos habitacionais verticais, em locais íngremes (ver a Fig. 5.3): ao invés de paredes atirantadas, usar plataformas cortadas em degraus.

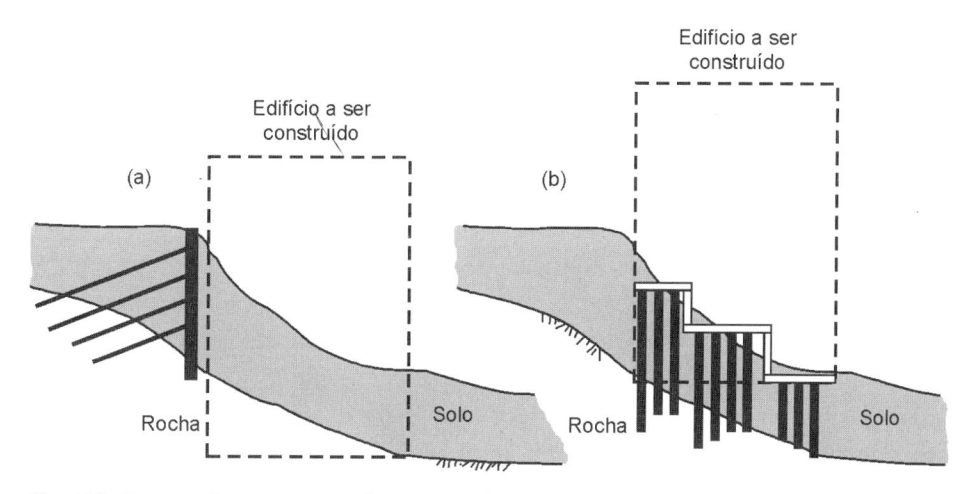

Fig. 5.3 *Escavações em morros íngremes: a) escavação profunda, com cortina atirantada; e b) plataformas em degraus (adaptado de Flintoff et al, 1982)*

Para os conjuntos habitacionais horizontais, os autores preferem a forma de cascata descendo a face do talude.

Finalmente, nos trópicos australianos, Simmons (1985) descreveu problemas de erosão devidos à proteção inadequada das escavações contra precipitação pluviométrica intensa. Apesar do solo ser laterizado, com macro-estrutura porosa, sulcos de erosão podem se formar devido à presença de sódio no solo. A estabilidade contra erosão só é obtida impedindo-se a infiltração de água.

5.2.4 Estudos de casos condicionados por estruturas reliquiares

Escavações em solos saprolíticos freqüentemente revelam a presença de juntas herdadas da rocha-mãe, em posições desfavoráveis para a estabilidade do talude.

Queiroz (1965) e Oliveira (1967) descreveram o caso de um corte de 60 m de altura, talude 1:1, com bermas de 3 a 5 m de largura, espaçadas 10 m entre si, feito para a construção do vertedor e casa de força da barragem de Jacareí (Tab. 5.1). Os solos, oriundos da decomposição de gnaisses, eram muito resistentes a ponto de inferir-se coeficiente de segurança maior do que 1, de acordo com procedimentos rotineiros de ensaios e de cálculos de estabilidade. Entretanto, houve pequenas rupturas, uma das quais condicionada, quer por juntas oriundas de diques de diabásios intemperizados, quer por faixas de solo siltoso micáceo, escuro. Segundo Oliveira (1967), o escorregamento iniciou-se com movimentos muito lentos e a ruptura final da massa de solo deu-se subitamente, após explosão de dinamite, 200 m a jusante do local. É também interessante observar que as escavações revelaram a existência de falha quase vertical, distante 100 m das escavações.

Instabilizações de massas de solos saprolíticos ocorreram no período de 1974-75, durante as escavações para a construção do vertedor da barragem do rio Verde, nas imediações de Curitiba, Paraná. O projeto previa escavações com altura máxima de 44 m, taludes de 1(V):1,5(H) e duas bermas com 5 m de largura cada, conforme mostra a Fig. 5.4.

Do ponto de vista da geologia regional, predominavam gnaisses, constituídos principalmente dos minerais quartzo e feldspato, com inclusões de anfibolioxistos, que formavam gnaisse rico em hornblenda (anfibólio) e biotita (anfibólio-biotita-gnaisse). O contato entre essas duas fácies é difuso e difícil de ser delimitado. Nas áreas ocupadas pelo anfibólio-biotita-gnaisse eram nítidas as lineações tectônicas.

No local das escavações ocorria justamente o anfibólio-biotita-gnaisse. Assim, não foi surpreendente encontrar um subsolo com o seguinte perfil: a) camada superficial de solo vermelho, espessura máxima de 6 m (entre as cotas 915 e 921); b) solo saprolítico, espessura máxima de 25 m (entre as cotas 915 e 890 m), constituído de siltes arenosos cinza-esverdeados ou marrom-amarelados ou até mesmo variegados; e c) rocha alterada, abaixo da cota 890 m, com porcentagem de recuperação acima de 80% no contato com a camada sobrejacente.

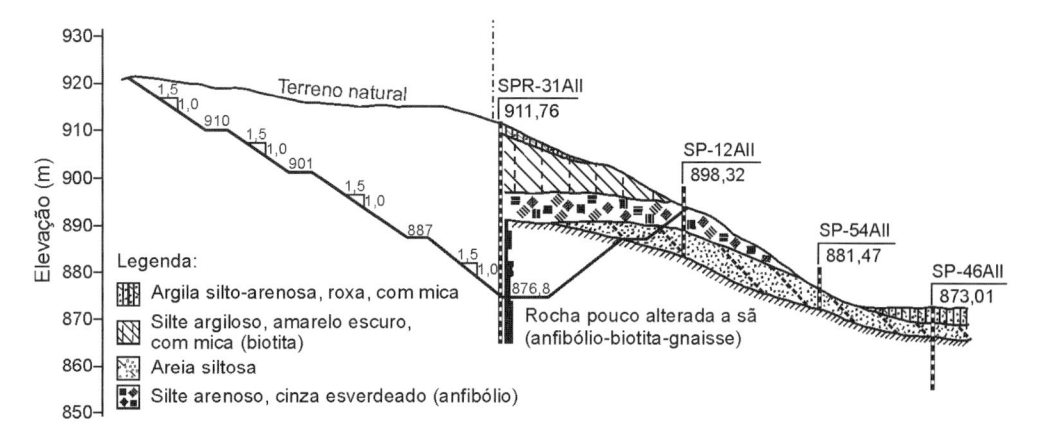

Fig. 5.4 *Seção transversal da escavação em anfibólio-biotita-gnaisse para a construção do vertedor da barragem do rio Verde*

O solo saprolítico era muito heterogêneo quanto: a) à coloração, sendo os tons verde-escuro associados aos anfibólios (hornblenda) e, o amarelo, à biotita; b) à presença de zonas de rochas parcialmente decompostas; e c) ao dobramento e à inclinação das camadas de solos, de coloração distinta. Ao longo das zonas de anfibólio decomposto, o solo apresentava impressão táctil saponácea. A estrutura hereditária mais marcante era a xistosidade, com direção N65°E, quase que paralela ao eixo do vertedor, com mergulho vertical ou subvertical (80 a 90°NW), opostos à inclinação do talude. Estavam evidentes dois sistemas de diaclasamento: um deles tinha direção N12 a 20°W, quase que perpendicular ao plano das xistosidades, mergulho subvertical (80°SW), e o outro, direção N20°E e mergulho de apenas 12 - 15°NW. Além disso, ocorriam também diques de diabásio alterado e, paralelos às xistosidades, veios de pegmatito e diques de quartzo. A Fig. 5.5 sintetiza esses dados. Apesar da heterogeneidade, os solos eram siltosos, com teor de argila variando de 10 a 30%, Limite de Liquidez de 45 a 70% e Índice de Plasticidade de 20 a 30%. O Índice de Atividade de Skempton era da ordem de 2.

Em outubro de 1974, em dias relativamente secos, com o avanço das escavações até a cota 887 m (vide Fig. 5.4), surgiram as primeiras trincas no solo saprolítico, com direção coincidente com os planos de xistosidade. Além disso, ocorreu um pequeno deslizamento superficial abaixo da cota 901 m (ver a Fig. 5.5 e a Foto 5.1), associado ao alívio de tensões, provocado pelas escavações.

Abriram-se várias janelas de inspeção, tendo-se constatado que as fissuras ocorreram ao longo de juntas reliquiares (espessura de 1 a 3 cm), com mergulho também coincidente com as xistosidades, como ilustra a Foto 5.2. Em alguns locais, notou-se claramente a presença de "espelhos de fricção ou paredes espelhadas" (*slickensides*), ricos em mica, provavelmente associados ao alívio de tensão. O material de preenchimento era constituído de silte arenoso, de coloração cinza-esverdeado ou escuro, às vezes preto. O teor de argila (% < 2 µ) era da ordem de 4 a 7% e Índice de Atividade de cerca de 2. Como a direção dessas juntas era praticamente paralela ao eixo do vertedor, com mergulho contra o talude, o modo de deformação (Fig. 5.6) assemelhou-se ao de blocos ou cunhas justapostas, movendo-se de forma tal que formaram "dentes" na face do talude: os blocos a jusante subiram em relação aos blocos a montante, sem prenúncios de escorregamentos profundos. Diante deste quadro, decidiu-se tamponar as fendas com argila plástica e proteger os taludes com grama, prosseguindo com as escavações.

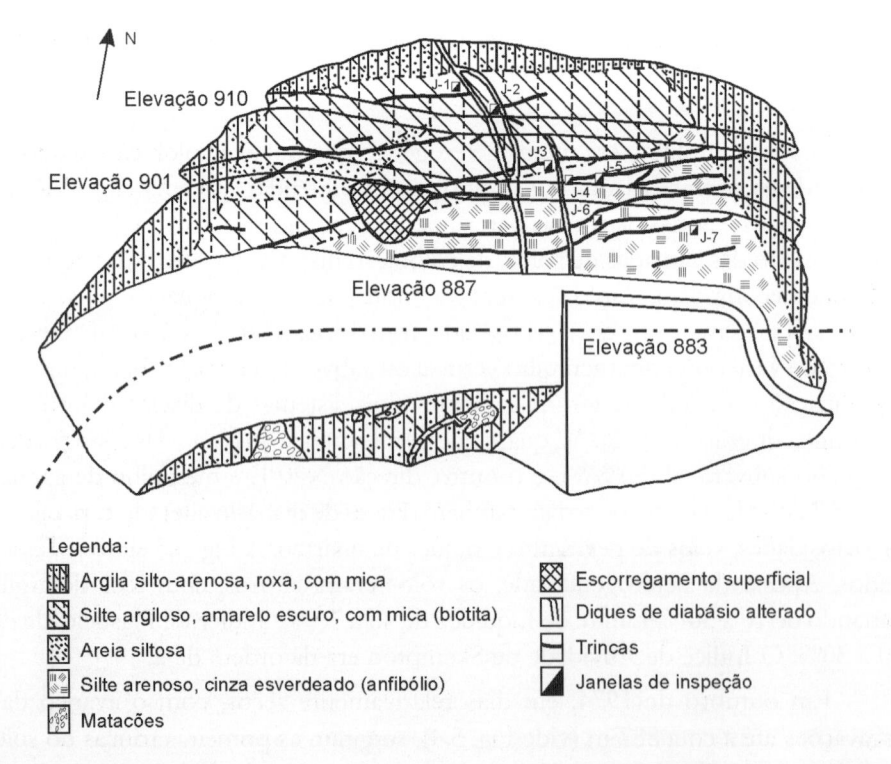

Fig. 5.5 *Distribuição de solos e trincas nas faces expostas da escavação em anfibólio-biotita-gnaisse para a construção do vertedor da barragem do rio Verde*

5. Escavações em Solos de Decomposição de Rochas do Pré-Cambriano

Foto 5.1 *Pequeno escorregamento superficial abaixo da cota 901 m – escavação para a construção do vertedor da barragem do rio Verde*

Foto 5.2 *Janela de inspeção revelando que as trincas ocoreram ao longo de juntas reliquiares, com mergulho subvertical – escavação para a construção do vertedor da barragem do rio Verde*

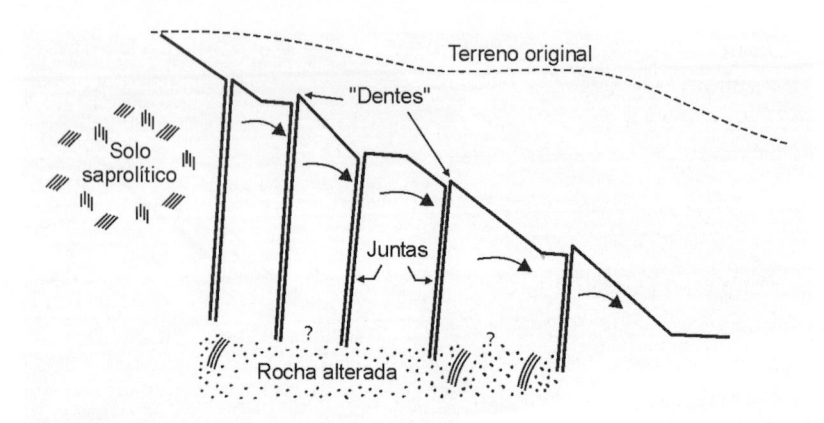

Fig. 5.6 *Esquema do modo de deformação – escavação para a construção do vertedor da barragem do rio Verde*

Em meio às chuvas de julho de 1975, com o fundo da escavação na cota 882 m, ocorreu um outro escorregamento abaixo da cota 910 m, com o plano de ruptura situado a uma profundidade de aproximadamente 7 m (ver a Foto 5.3). A causa deste escorregamento foi, em primeiro lugar, o fendilhamento do saprólito e da rocha intemperizada ao longo dos "espelhos de fricção" (*slickensides*) e das diáclases; e, em segundo lugar, às detonações e à saturação do solo. Observou-se uma única nascente de água no contato entre o solo saprolítico e a rocha alterada.

Foto 5.3 *Escorregamento de julho de 1975, abaixo da cota 901 m – escavação para a construção do vertedor da barragem do rio Verde*

As fendas principais e profundas foram cobertas com mantas de plástico e as obras prosseguiram até a sua conclusão, com a construção de aterro entre a parede de concreto do vertedor e o talude, cuja inclinação foi abatida para 1(V):2,5(H), sem outros problemas.

Estudos de casos como estes já haviam sido apresentados por vários autores estrangeiros.

a) Deere (1957) relatou problemas de estabilidade na Carolina do Norte, onde cortes de até 12 m de profundidade foram feitos em solos de decomposição de granitos, constituídos de um solo laterítico argiloso sobrejacente a solos residuais silto-arenosos. Amostras extraídas de sondagens de simples reconhecimento e observações de campo mostraram a ocorrência de juntas ou trincas, herdadas da rocha-mãe ou formadas durante o intemperismo do granito, com uma fina camada de dióxido de manganês. Ocorreram numerosas rupturas de taludes, muitas vezes localizadas ao longo das juntas principais, que estavam em posição especialmente desfavorável. O autor assinalou que o número e a posição de tais juntas não podem ser previamente avaliados e que, desconsiderando-se o seu efeito, o coeficiente de segurança seria bem maior do que 1,0.

b) Como se viu anteriormente, solos residuais provenientes da decomposição de rochas ígneas e metamórficas contêm, freqüentemente, finas lentes pretas de maior fraqueza. Estas lentes já foram responsáveis por muitos escorregamentos ou movimentações de maciços terrosos na Índia, no Panamá, em Porto Rico e nos EUA. Segundo St. John et al (1969), estas lentes pretas apresentam espessuras de 0,3 a 2,5 cm, estendem-se até distâncias de 30 m e às vezes são paralelas à xistosidade ou ao bandeamento da rocha. Por vezes cortam estruturas reliquiares, com orientação caótica; algumas apresentam estrias ou paredes espelhadas (*slickensides*). As lentes pretas originaram-se do preenchimento das juntas ou fendas reliquiares com materiais de decomposição de rocha e são constituídas de areia fina siltosa, não plástica, enquanto os *host soils* (matriz) são solos siltosos e silto-arenosos, com baixa plasticidade. Eles não contém matéria orgânica e sua cor resultou da coloração dos grãos minerais por uma substância húmica, lixiviada dos horizontes superiores, combinada com quantidades variadas de ferro e manganês. A resistência ao cisalhamento residual das lentes com estrias ou paredes espelhadas (*slickensides*) é a metade daquela dos *host soils*. As estrias ou paredes espelhadas estariam associadas mais ao processo de decomposição da rocha do que aos movimentos tectônicos antigos. Poderiam ser formadas pela expansão não-uniforme que ocorre em solo residual como resultado da decomposição da rocha, que induziria deformações cisalhantes, preferencialmente ao longo das juntas. Os autores não descartaram a possibilidade do alívio de tensões estar na raiz do problema.

c) St. John et al (1969) também citam o caso de uma escavação na Geórgia, escorada com estacas metálicas H, espaçadas de 3 m entre si, e pranchões de madeira. O solo era uma areia siltosa, proveniente da decomposição de granito e gnaisse. Em trechos nos quais não tinham sido instalados os pranchões de madeira, houve escorregamento de "lascas" de solos residuais entre as estacas, dada a presença das lentes pretas (*slickensides*), em posição desfavorável em relação aos cortes.

5.2.5 Um caso de escavação escorada onde ocorreu ruptura de fundo

Durante a construção do metrô do Rio de Janeiro, na estação do Largo da Carioca, foram feitas escavações muito próximas (~2 m) de três edifícios altos: os edifícios Rio e Itu, com fundações em estacas; e o edifício Liceu, apoiado em sapatas.

Segundo Almeida et al (1979), o subsolo era constituído por uma camada de aterro, com 2 m de espessura, apoiada sobre 15 m de solo sedimentar, predominantemente arenoso, fofo a medianamente compacto. Abaixo destas camadas havia um solo residual, com SPT acima de 40, estendendo-se de 17 a 35 m de profundidade; o leito rochoso não foi encontrado. Os solos residuais eram, em geral, arenosos com camadas intermediárias bastante siltosas e argilosas.

A escavação atingiu uma profundidade de 19 m e foi escorada por paredes-diafragma, com 0,60 m de espessura e cinco a sete níveis de estroncas. Mediram-se os recalques e movimentos horizontais por meio de dois inclinômetros e quinze medidores de deslocamentos horizontais.

Durante as escavações, antes que o fundo da vala fosse atingido, estes edifícios sofreram recalques de cerca de 7 cm (Almeida et al, 1979), que foram atribuídos a uma plastificação dos solos no fundo da escavação, devida às pesadas cargas impostas pelos edifícios das imediações (Nunes et al, 1979).

Para equilibrar estas cargas, foram instaladas ancoragens protendidas – tirantes verticais – no fundo da escavação. Na região em frente ao edifício Rio esse fundo era o final, o que permitiu instalar os tirantes acoplados a placas de concreto. Em frente ao edifício Liceu faltava ainda escavar e instalar três níveis de estroncas no momento da instalação das ancoragens. Por isso a solução adotada foi instalar tirantes verticais com dois bulbos cada um, ambos posicionados abaixo da cota final da escavação. Essa solução engenhosa permitiu que as escavações continuassem até a profundidade final, mantendo-se ativo o sistema de ancoragem. A velocidade dos recalques caiu drasticamente e até sofreu reversão. É interessante mencionar que, embora a idéia de tirantes de ancoragem com mais de um bulbo não fosse nova, foi a primeira vez que foram usados numa obra (Nunes et al, 1979). Vide também Barley et al (1997) quanto ao uso desse tipo de tirantes para outros fins.

5.3 Comentários Finais

Muito embora Lumb (1979a) tenha sentenciado que *national problems are best handled by the national engineers* (os problemas nacionais são melhor resolvidos pelos engenheiros nacionais) e colocado em dúvida a validade de cooperação internacional em termos de prática da engenharia, as experiências estrangeiras podem ser úteis, tendo em vista condições similares de subsolo.

Nesse sentido, há por exemplo semelhanças na natureza do solo residual de granito que, tanto em Hong Kong quanto no Brasil, apresenta grande heterogeneidade, variabilidade de suas propriedades sob a ação das águas pluviais, influência de juntas reliquiares na estabilidade de escavações etc.

Com o intuito de salientar as similaridades e diferenças, serão feitas comparações entre os pontos de vista estrangeiro e o brasileiro, analisando-se alguns aspectos dos problemas em escavações em solos tropicais.

Como superar problemas de instabilidade em escavações não escoradas em solos tropicais?

Tanto na região da Grande São Paulo, onde ocorrem solos oriundos da decomposição de rochas metamórficas, quanto nos morros íngremes de Hong Kong, em granito, tem sido recomendada a adoção de medidas simples para garantir a estabilidade de escavações não escoradas, tais como instalar um sistema de drenagem eficiente associado à proteção superficial dos taludes. E, mais do que isso, no projeto de loteamentos e conjuntos habitacionais, tem havido uma preocupação em minimizar cortes e aterros, usando plataformas em degraus ou em cascatas, descendo a face do talude, procurando conformar-se ao relevo da região e evitar a obstrução da drenagem natural.

Por que alguns taludes rompem e outros não?

Nem todos os taludes rompem. Essa afirmação de Lumb (1979a) pode parecer banal à primeira vista. Mas ela foi feita no contexto de uma recomendação: a de deixar os casos de ruptura para os "geopatologistas" e não para os "praticantes", no receio de que se confunda sintoma com doença, causa com efeito.

Para Brand (1982), rupturas em cortes íngremes, em solos residuais, ocorrem em função de precipitações pluviométricas intensas e quando *little or no engineering design was used* (pouco ou nenhum projeto de engenharia foi utilizado). Acrescentamos, apenas, que as chuvas também têm de ser prolongadas. Os casos dos taludes no Jardim Juçara e em Itapevi, na periferia de São Paulo, já mencionados, inserem-se perfeitamente nesse contexto. A erosão superficial, e mesmo a formação de *piping*, tem sido apontada como um fator adicional de instabilidade e pode desencadear rupturas generalizadas, como parece ter sido o caso do talude em Itapevi, citado acima. Flintoff et al (1982) relatam o mesmo problema em Hong Kong.

Outra causa de escorregamentos, tanto nos nossos solos quanto nos de Hong Kong e outras localidades de outros países, tem sido a ocorrência de juntas reliquiares, preenchidas com solos de baixa resistência residual, em posições geométricas desfavoráveis. Com o alívio de tensões, provocado pelas escavações, essas juntas tornam-se espelhadas ou simplesmente expandem, propiciando instabilizações e rupturas nos taludes de corte. Os casos citados acima, tanto no Brasil quanto no exterior, inclusive em Hong Kong, são muito sugestivos nesse aspecto.

Mas há casos de ruptura em que essas descontinuidades não estão presentes. Flintoff et al (1982) propõe uma pergunta intrigante: "Por que alguns taludes escorregam e outros não?" Para eles, as razões não são suficientemente claras. Uma das causas apontadas para a estabilidade tem sido a sucção nesses solos, que são parcialmente saturados. Hoje em dia, tentar levar em conta o efeito da sucção na análise de estabilidade é uma tarefa difícil, primeiramente porque, em condições de chuvas intensas e prolongadas, a sucção pode cair de quase 100 kPa para zero, próximo à superfície; e, em segundo lugar, porque há a necessidade das medições de campo serem conclusivas para que se possa confiar nesse tipo de análise. Entre nós, alguns esforços têm sido envidados nessa direção. Veja-se, por exemplo, Carvalho (1989).

É interessante mencionar a análise de estabilidade do talude de corte relatada por Sweeney e Fredlund (1984) com relação ao Fung Tai Terrace, em Hong Kong. Trata-se de um conjunto de edifícios residenciais em um local onde há um corte em solo de decomposição de granito, em talude de aproximadamente 60° e 35 m de altura máxima. Cálculos de estabilidade, supondo saturação, indicaram coeficiente de segurança de 0,86, quando se sabe que o talude tem-se mantido estável por várias décadas, exceto por pequenas rupturas que ocorreram periodicamente junto à crista do talude. Os autores incluíram na sua análise a sucção de solo medida ao longo da profundidade e, consequentemente, o coeficiente de segurança revelou ser maior que 1. A face do talude é protegida com *chunam*, a mistura de argila, cimento e cal, citada acima, o que mantém as tensões de sucção mesmo em estações chuvosas, a ponto desses autores postularem a estabilidade do talude a longo prazo. Mencionam também medições de sucção em várias localidades de Hong Kong (veja-se também Sweeney, 1982), que têm revelado variações quase lineares em relação à distância acima do nível d'água, da ordem de 10 a 30% da "pressão hidrostática negativa", até um máximo de 80 a 100 kPa. Ainda segundo esses autores, aumentos da sucção de 10 a 100 kPa refletem-se em aumentos de 30% nos coeficientes de segurança, o que não surpreende, à luz das idéias expostas por Mello (1972), ao enfocar o problema do cálculo da estabilidade de taludes perante "mudanças de condições".

É possível detectar descontinuidades em solos saprolíticos?

Outra questão se levanta quanto à eficácia dos trabalhos geológicos de campo para detectar descontinuidades nos solos saprolíticos, que foram responsáveis por pequenos porém numerosos escorregamentos e movimentos de terra no Brasil e no exterior.

Embora haja um ceticismo muito grande sobre essa possibilidade, a resposta para esta questão é importante para a elaboração de cartografias geotécnicas para o planejamento urbano de nossas cidades, sobretudo daquelas situadas nas regiões do Pré-Cambriano do Centro-Sul do Brasil, com geologia complexa.

6
Escavações em Solos de Basaltos e Arenitos

6.1 Considerações Gerais

No interior da Região Centro-Sul do Brasil há uma extensa área conhecida como Bacia Sedimentar do Paraná, onde ocorrem derrames basálticos, que constituem a Formação Serra Geral, cobertos por arenitos. Ao longo dos rios e fundos de vales, os basaltos foram expostos pela erosão, que removeu parte desse recobrimento. A Bacia do Paraná abrange uma área de mais de 1 milhão de km², envolvendo o interior do Estado de São Paulo, o sul de Minas Gerais, o leste do Mato Grosso do Sul e partes dos Estados sulinos.

O clima na região é seco no inverno (precipitações pluviométricas inferiores a 50 mm nos meses mais secos) em contraste com verões chuvosos. A precipitação pluviométrica média anual gira em torno de 1.300 mm. Segundo Vargas (1974), é nesta área que os "solos porosos" atingem o seu desenvolvimento máximo.

Cada derrame basáltico possui espessura da ordem de 10 m e as camadas basálticas podem atingir até 1 km (Nogami, 1977). O topo desses derrames apresenta-se com vesículas e diaclasamento horizontal; no meio, os diaclasamentos são por vezes colunares e, na base, vesiculares. Outras feições típicas são zonas de brechas e lentes de arenito.

Os arenitos podem apresentar estratificações que condicionam a formação de diáclases, geralmente paralelas ou perpendiculares a elas. Há intercalações de outros tipos de rochas sedimentares (como folhelhos, calcários, entre outras) nos maciços de arenitos.

Diante dessas diferenças de formação, os solos de intemperismo são bastante diferenciados.

6.1.1 Solos derivados de basalto

A camada superior, que desenvolve grandes espessuras, é uma argila porosa vermelha ("terra roxa") que se originou da laterização de solos transportados ou decompostos *in situ*. Apresenta fração de argila geralmente superior a 50%, e o Índice de Plasticidade varia de 15 a 25%. Mineralogicamente, é constituída de caolinita, goetita, gibsita e hidróxidos de ferro amorfos em grande quantidade. A sua micro-estrutura é esponjosa. Esses solos lateríticos são bastante estáveis e podem ser cortados profundamente sem a necessidade de suporte (Nogami, 1977).

Os solos saprolíticos podem apresentar de pequenas (Estado de São Paulo) a grandes espessuras (Estados sulinos). Segundo Nogami (1977), é característica a presença de vesículas e amígdalas reliquiares, com anisotropias plano-paralelas. As cores variam do rosa ao marrom-violáceo-arroxeado, com manchas brancas, verdes ou vermelhas. O seu comportamento diante de escavações varia consideravelmente e eles podem desagregar-se intensamente ou mesmo ser fortemente erodíveis.

O horizonte de rocha alterada é, por vezes, muito desenvolvido, com diaclasamento intenso e pequeno espaçamento entre fraturas. Quando brechóide, torna-se difícil distinguir a transição com o solo sotoposto (Nogami, 1977).

6.1.2 Solos de decomposição de arenitos

Os solos superficiais de arenito podem apresentar perfis espessos e cores bastante variadas, que vão desde o vermelho-escuro até o rosa, amarelo, marrom e branco. Quando argilosos e lateríticos, podem apresentar elevada coesão, o que tem possibilitado cortes verticais de até 5 m sem necessidade de escoramento.

Por outro lado, a camada de solo saprolítico apresenta desenvolvimento dos mais variados, com espessuras que vão do metro a dezenas de metros. Além disso, apresenta estratificações herdadas da rocha-mãe e cores que vão do branco, preto, rosa, marrom ao vermelho. Nota-se, ainda, a presença de ilita e montmorilonita entre os argilo-minerais (Grim e Bradley, 1963).

A passagem do solo saprolítico para a rocha intemperizada é gradual e, portanto, difícil de ser distinguida (Nogami, 1977).

6.2 Estudos de Casos

Mesmo considerando que várias barragens foram construídas na região, apenas três casos forneceram algumas informações referentes ao comportamento desses solos quando submetidos a escavações. Dois deles tratam de escavações em basalto e, o outro, em arenito (vide Tab. 6.1).

Tab. 6.1 *Escavações não escoradas na Bacia Sedimentar do Paraná – Região Centro-Sul do Brasil*

Caso	Local	H (m)	α	Rocha mãe	Problemas	Referência
Cut-off da barragem Nova Avanhadava	Birigüi (São Paulo)	> 4	~60°	Basalto	-	ABMS e ABGE (1983) Mello (2000)
Cut-off da barragem Água Vermelha	Fernandópolis (São Paulo)	20	45°	Basalto	-	Avila et al (1982)
Canal de Pereira Barreto	NW do Estado de São Paulo	≤ 61	34° a 70°	Arenito	Pequenas rupturas em alguns pontos, no solo aluvionar	Silva (1969) Kaji et al (1981) Pimenta et al (1981) Koshima (1982)

H : profundidade da escavação   α : inclinação do talude

6.2.1 *Cut-offs* de barragens escavadas em basaltos

Duas escavações para a construção dos *cut-offs* da barragem Nova Avanhandava, feitas de 1979 a 1982, ultrapassaram a camada de solo saprolítico, com espessura de 4 m, uma delas na ombreira direita e, a outra, na ombreira esquerda. As duas escavações atingiram basaltos compactos, rocha praticamente sã, e tiveram bases variando de 10 a 15 m, com taludes de l(H):1,5(V) a 1(H):2,0(V). Não há registro de instabilidades.

Para controlar a percolação de água através da fundação da barragem Água Vermelha, na ombreira esquerda, que apresentava camadas com permeabilidades elevadas, foi construído um *cut-off*. A escavação atingiu uma profundidade máxima de 20 m, próximo ao leito do rio, diminuindo em direção à ombreira, ultrapassando uma camada de solo residual e uma camada de lava aglomerática, de alta permeabilidade. Os taludes da escavação eram bastante íngremes, 1(V):1(H), e a base da escavação tinha 10 m de largura. Não há registros que indiquem instabilidades.

6.2.2 Escavações em arenito

Apesar das escavações para a construção do canal de Pereira Barreto não serem temporárias, considerou-se interessante apresentar este caso em virtude dos dados preciosos e detalhados referentes aos solos de decomposição de arenito, levantados ao longo de vários anos de estudos.

O canal situa-se a noroeste do Estado de São Paulo, no planalto ocidental da Bacia Sedimentar do Paraná, e interliga os reservatórios das barragens de Ilha Solteira e Três Irmãos. Os cortes foram feitos num espigão de perfil convexo e cimo ondulado, numa extensão de 9 km, com seção trapezoidal de 50 a 60 m de largura na sua base e 61 m de altura máxima. A Fig. 6.1a mostra parte desse espigão.

Geologicamente, a região caracterizava-se pela presença do arenito Bauru, com inclusões de argilitos. Pimenta et al (1981) apresentaram uma seção geológica pelo eixo do canal (parcialmente reproduzida na Fig. 6.1a), mostrando camadas de 7 m de solos aluvionares (areias pouco argilosas), nos talvegues, e de 8 m de solos coluvionares (areias finas pouco argilosas), nas encostas. No contato destas camadas superiores com o solo saprolítico havia uma zona rica em óxido de ferro, formando grânulos limoníticos.

O solo saprolítico de arenito pode atingir até 15 m de espessura e também era constituído por areia fina, pouco argilosa, fofa a muito compacta, marrom-avermelhada, com pontos esbranquiçados. O teor de argila (% < 2 μ) era inferior a 20% e os Limites de Liquidez e de Plasticidade eram, respectivamente, 30% e 10%, em média. Núcleos mais resistentes, remanescentes da rocha-mãe, associados a uma cimentação ferruginosa, foram encontrados disseminados entre materiais mais fracos e soltos, entremeados por canalículos e planos de fratura, às vezes preenchidos por areias siltosas, esbranquiçadas.

O impenetrável à percussão ocorria na passagem entre o solo saprolítico e o arenito B1. Este arenito é um dos três tipos de arenitos (B1, B2, B3) classificados com base em sua resistência à compressão simples. Entretanto, o arenito B1 foi classificado como "solo de arenito" talvez porque, quando colocado em água e levemente agitado, tenha revelado por vezes desagregação parcial (Kaji et al, 1981); ou porque, quando seco, se rompia com leve pressão dos dedos, e, quando saturado, tinha a sua resistência diminuída, embora mantendo uma pequena coesão (Silva, 1969). Assim, Kaji et al (1981) colocaram a superfície do leito rochoso na interface entre o arenito B1 e o B2, embora a passagem de um para o outro seja gradual.

O nível freático acompanhava o contato entre os solos coluvionar e saprolítico, exceto na região do talvegue, quando aflorava. Na fase de projeto, havia uma preocupação com a formação de aqüíferos confinados na interface solo saprolítico-arenito, devido à alta permeabilidade desta zona intemperizada e

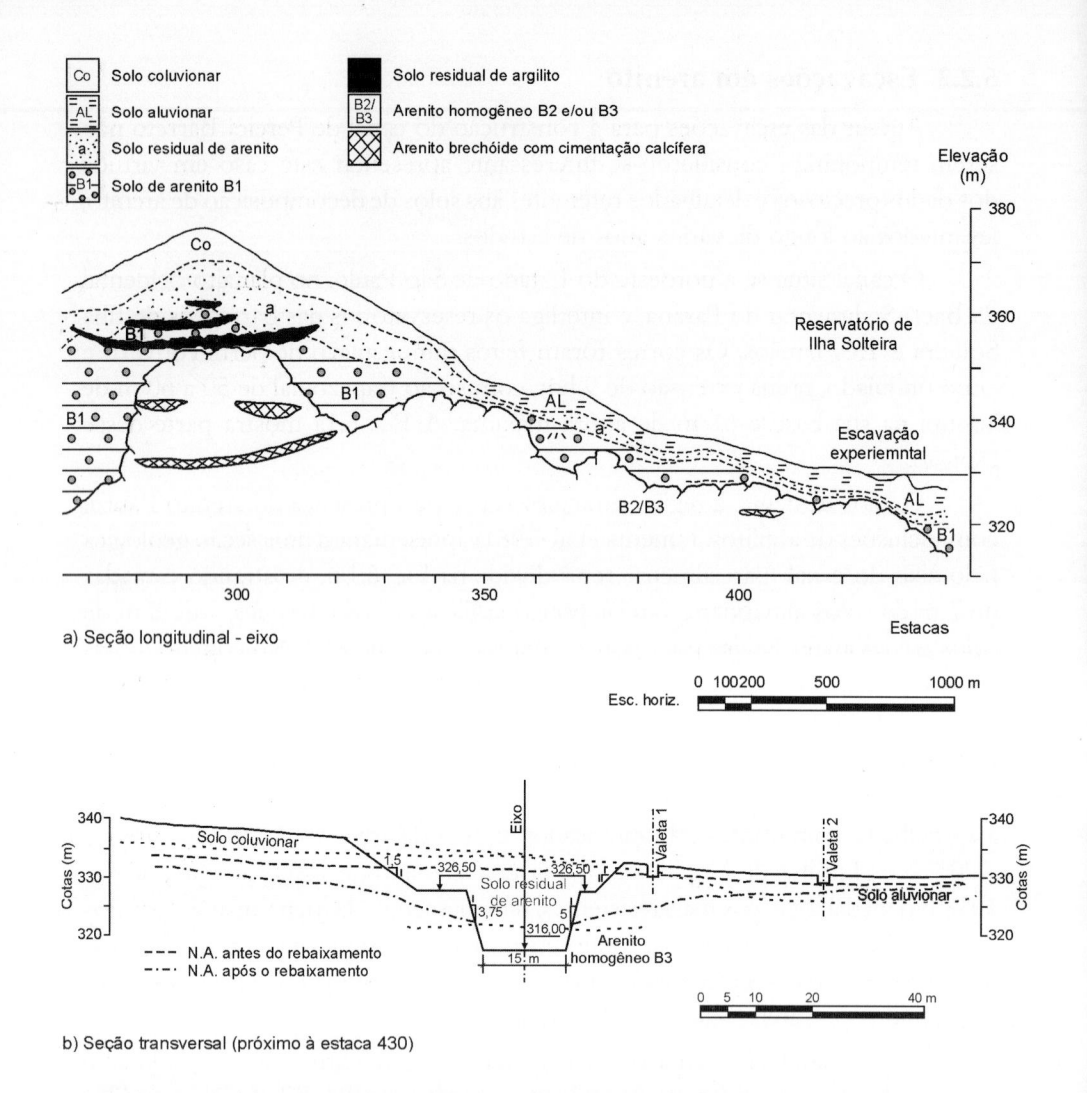

Fig. 6.1 *Canal de Pereira Barreto (SP) – escavação experimental* (apud *Pimenta et al, 1981*)

mais fraturada, situada nas imediações de materiais como o argilito, menos permeáveis.

Diante do vulto da obra, uma escavação experimental (ver a Fig. 6.1) foi executada, entre 1978 e 1979, com cerca de 20 m de profundidade, num local onde o arenito B3, o mais resistente deles, se encontrava numa profundidade menor. As escavações em solo foram feitas com taludes de 1(V):1,5(H) a 1(V):1,0(H) e, nos arenitos, de 3,75(V):1(H) a 5(V):l(H). Durante os trabalhos, pôde-se constatar que valetas que interceptavam o solo de arenito B1 rebaixavam rapidamente a linha freática, dada a presença de veios e canalículos que comandavam a rede de percolação (Pimenta et al, 1981). Por outro lado, surgiram nos taludes da escavação experimental algumas fraturas sub-horizontais, que não chegaram a causar problemas, porque sua posição era favorável à estabilidade.

A construção do canal propriamente dito iniciou-se em agosto de 1980 e foi concluída em 1990. Os taludes das seções típicas foram de 1(V):1,5(H), até a base do solo saprolítico, e de 2,75(V):l(H) para os arenitos.

Observações de níveis piezométricos confirmaram a rápida depressão do nível freático, com o avanço das escavações; as vazões de infiltração eram de pequena monta. Ocorreram percolações concentradas de água em camadas extremamente fraturadas e intemperizadas do maciço arenítico, com extensões superiores a 150 m e espessura de cerca de 2 m. Onde havia camadas mais impermeáveis (argilito, arenito brechóide), os lençóis freáticos suspensos provocaram também uma certa concentração de fluxo (Koshima, 1982). Quanto ao comportamento dos taludes, ocorreram pequenas rupturas em alguns pontos, no solo aluvionar, causadas pela erosão devido ao aqüífero confinado.

6.3 Comentários Finais

A importância da descrição qualitativa dos solos saprolíticos e dos materiais de transição foi destacada por Peck (1981), como se viu acima. Ela ajuda a definir as ferramentas para escavar e permite avaliar, por exemplo, as conseqüências da percolação de água na estabilidade das faces dos cortes. Para a construção do metrô de Baltimore, foi empregada uma classificação local de solo, com base em descrições deste tipo (vide, por exemplo, Wirth et al, 1982), citado por Peck (1981) como exemplo de caso bem sucedido.

Entre nós, o caso do canal de Pereira Barreto é ilustrativo nesse contexto, pois desenvolveu-se um sistema apropriado de classificação dos arenitos, e dos seus solos de decomposição, com base na resistência à compressão simples. No geral, as escavações confirmaram a seção geológica revelada pelas sondagens e poços, exceto por pequenos detalhes (Koshima, 1982) como as citadas concentrações de fluxo d'água, que provocaram erosões nos taludes. Vale a pena também mencionar as tentativas para medir o coeficiente de empuxo de terra em repouso, feitas no fundo de poços, utilizando técnicas emprestadas da Mecânica das Rochas.

7
Conclusões

A seguir serão apresentadas algumas das conclusões a que se chegou, não apenas por meio de estudos dos casos aqui descritos, mas também pela comparação das abordagens brasileira e estrangeira.

7.1 Escavações Não Escoradas

O comportamento de escavações em solos lateríticos tem sido melhor do que se poderia esperar em comparação a solos sedimentares de mesmas consistência e índice de vazios. Taludes com alturas de 5 a 10 m, sub-verticais, permaneceram estáveis, mesmo por um longo período de tempo.

Na prática brasileira há um certo ceticismo com relação à aplicação de métodos de cálculo rigorosos para a análise de estabilidade de taludes naturais ou de cortes em solos residuais. Em primeiro lugar, porque não são suficientemente claras as razões pelas quais alguns taludes rompem enquanto outros não: há pesquisas em andamento, tentando encontrar uma resposta para esta questão, como as medições da sucção no campo. Em segundo lugar, porque a estabilidade desses tipos de solos pode depender da presença de descontinuidades, que são difíceis de serem detectadas nas prospecções usuais.

Esse ceticismo justifica a preferência pelo método observacional, que combina os conhecimentos da Geologia, Geomorfologia e Engenharia Geotécnica com o uso de fotos aéreas, a elaboração de mapas de riscos etc. Em alguns países tal procedimento leva o nome genérico de *terrain evaluation*. Seria o que se denomina Cartografia Geotécnica, que ganhou força entre nós, visando à racionalização do uso e ocupação do solo por loteamentos e conjuntos habitacionais na área da Grande São Paulo, por exemplo. Algumas regras relacionadas à inclinação dos taludes e das alturas dos cortes, em função dos tipos de solos, acabam por ser inseridas nas recomendações, inerentes a esse procedimento, ao lado de outras, que dizem respeito à drenagem e ao controle das águas de chuvas.

No Brasil, tal como no exterior, o uso de regras empíricas ou "Projeto Segundo Precedentes" tem sido adotado levando-se em conta as efetivas condições do subsolo e fazendo-se ajustes no projeto à medida em que as escavações prosseguem.

Houve tentativas para evitar problemas de instabilidade em cortes em solos saprolíticos, quer pela racionalização no uso da terra, quer exigindo-se um sistema de drenagem eficiente, quer protegendo superficialmente os taludes, quer minimizando cortes e aterros, usando-se plataformas, escalonadas em degraus, para se adaptarem à topografia da área. Esta abordagem também tem sido usada nas escarpas íngremes de Hong Kong.

7.2 Escavações Escoradas

O dimensionamento das estruturas de contenção é feito valendo-se de métodos empíricos e semi-empíricos. O problema todo reside na estimativa dos coeficientes de empuxo de terra, ativo, em repouso ou passivo. Entretanto, há medições de campo para os solos lateríticos e saprolíticos que mostram valores inferiores àqueles estimados por cálculos convencionais. Envoltórias de pressão de terra aparente, observadas para os solos sedimentares intemperizados da cidade de São Paulo, revelaram pressões máximas inferiores àquelas descritas por Terzaghi e Peck (1967) para argilas rijas. Os solos saprolíticos e residuais de Baltimore também revelaram pressões máximas inferiores àquelas que seriam esperadas em comparação a solos sedimentares, de outras origens, com o mesmo índice de vazios e consistência. Para esses solos, de comportamento rijo, o efeito da temperatura nas cargas das estroncas é equiparável ao do próprio empuxo de terra.

A perda de resistência dos solos saprolíticos no fundo das valas tem sido uma preocupação e, pelo menos no caso das escavações da estação do Largo da Carioca, no metrô do Rio de Janeiro, deveu-se ao amolecimento do solo como conseqüência do alívio de tensão e absorção de água.

Os recalques nas imediações das valas dependem muito mais do método construtivo – isto é, da seqüência de escavação, do tempo de espera para a colocação das escoras, entre outros detalhes – e da rigidez do sistema de escoramento, do que da natureza do material escorado. Isto parece ser válido para o solo laterítico de São Paulo ou para o solo saprolítico de Baltimore, ou mesmo para os sedimentos do período Pleistocênico e Cretáceo de Washington D.C. Esforços têm sido envidados para a avaliação desses recalques por meio de modelos matemáticos, embora a tendência ainda seja a utilização de métodos empíricos.

7.3 Exploração do Subsolo e Classificação dos Solos

Têm-se enfatizado as observações visuais dos solos saprolíticos, na tentativa de descrever e avaliar, da melhor forma possível, a amostra tal como ela é *in situ*. Tais descrições qualitativas devem ser complementadas por informações quantitativas de ensaios mecânicos e são necessárias devido à grande heterogeneidade destes solos. Para atingir esse objetivo, há autores que sugerem a abertura de poços de inspeção. Por outro lado, outros autores recomendam o uso de amostradores e a execução de ensaios *in situ* (*deep sounding* ou pressiométrico) evitando-se, assim, os efeitos do alívio de tensão em blocos de amostras "indeformadas". Neste contexto, pode-se perguntar se trabalhos geológicos de campo permitem a detecção de descontinuidades nos solos saprolíticos. Esta questão é importante para o planejamento urbano e o uso da terra.

Para fins de escavação, a tendência tem sido o emprego de classificações locais dos solos e rochas, adequadas a uma determinada área, levando-se em conta as suas peculiaridades. O caso do Canal de Pereira Barreto é bastante ilustrativo nesse sentido pois, como se viu, foi desenvolvido um sistema apropriado de classificação dos arenitos e de seus solos de decomposição, que orientaram os trabalhos de escavação.

Os solos lateríticos, diante do fato de aparentarem ser mais "homogêneos", têm sido descritos e ensaiados com os procedimentos usuais da Mecânica dos Solos, pelo menos no que se refere a obras em áreas bem definidas. Nesses casos é possível, por meio de sondagens de simples reconhecimento, com extração de amostras, ter uma idéia precisa das dificuldades passíveis de serem enfrentadas nas escavações. Entretanto, o problema de classificação desses solos pode ser recolocado quando se lida com áreas extensas, por exemplo, para elaborar uma Cartografia Geotécnica. Esta é uma questão em aberto e a resposta para ela pode depender de tempo suficiente para acumular experiências de campo em obras concretas de engenharia, que sejam bem documentadas.

Posfácio

Em 1985, por ocasião do TropicaLS' 85 (*First International Conference on Geomechanics in Tropical Lateritic and Saprolitic Soils*), realizado em Brasília, propusemos algumas questões para debate, que reproduzimos a seguir, por considerá-las ainda atuais (Massad, 1985c).

a) Solos tropicais: qual é a questão central?

Há pouco tempo ouvimos um especialista em concreto dizer que o "bicho concreto" é o melhor amigo do homem depois do cão. O que dizer dos solos? "Todos os solos são difíceis", afirmou um engenheiro inglês, portanto acostumado a lidar com o clima temperado. "Ou traiçoeiros", arrematou um colega nosso.

Um outro engenheiro de país europeu chegou por estas bandas e asseverou: "nós (os temperados) estamos numa posição privilegiada porque podemos entender a diferença." Ele quis explicar a diferença entre solos temperados (sedimentares?) e tropicais, ignorando a ocorrência de solos sedimentares quaternários nas nossas baixadas litorâneas.

Mas o que é mais importante: conhecer a diferença ou a identidade? Depende. Se se tratar de problemas que envolvem grandes extensões de terra, estradas, por exemplo, é necessário diferenciar os solos via classificação para se poder dimensionar em bases empíricas. Mas, se se tratar de problemas em áreas restritas, como escavações ou de construção de barragens, valendo-se de uma ou duas áreas de empréstimo, em que a Mecânica dos Solos tem a sua vez (talvez não na sua forma pura, mas semi-empírica), o mais importante é conhecer a "identidade" dos solos. Não importa, necessariamente, colocá-lo dentro de um grupo ou de uma "classificação universal". Nestes casos é até possível imaginar o que de fato já ocorreu, isto é, inventar uma classificação apropriada para aquele específico sítio ou problema e ensaiar exaustivamente a amostra típica de cada grupo.

Não conhecer a diferença significa não entender de solos tropicais? Um oleiro não entende de mineralogia das argilas, mas sabe trabalhar o barro. Da mesma forma, muitos de nossos mais calejados engenheiros só sabem lidar com solos tropicais, sem se dar conta da "diferença". *National problems are best handled by the national engineers*, como disse um engenheiro de país tropical.

Preferimos ficar com o engenheiro inglês, para quem todos os solos são difíceis e, por isso mesmo, pensar que os solos tropicais não são seres extra-terrestres.

Talvez, no âmago da questão, resida o fato da transposição de conhecimentos dos países mais desenvolvidos dos climas temperados para os países tropicais. Mas o fato em si tem sido uma constante na história das civilizações. O que é importante é submeter à crítica tais transposições de conhecimento e, acreditamos, esta foi uma das razões do TropicLS'85.

b) Escavações em solos tropicais: questões em aberto

A seguir, são listadas algumas questões em aberto, com a indicação de possíveis respostas ou temas para a reflexão.

Porque alguns taludes rompem e outros não?

• Inexistência de projetos de engenharia.

• Dificuldades (ou impossibilidade) de se detectar, na fase de prospecção, descontinuidades no maciço desfavoráveis ao corte.

• Incompreensão dos fenômenos que controlam o comportamento dos solos tropicais, em particular, da sucção.

O ceticismo quanto à eficácia de métodos de cálculo rigorosos existe mesmo? É sadio ou prejudicial?

• Projeto segundo Precedentes.

• "Precedente Modificado".

- Dificuldades na estimativa dos coeficientes de empuxo ativo, em repouso e passivo em solos tropicais, lateríticos e saprolíticos.
- Desconhecimento das propriedades dos solos tropicais.

É possível superar problemas de instabilizações?

- Racionalizando o uso e a ocupação dos solos.
- Impondo o uso de técnicas simples com um eficiente sistema de drenagem e proteção superficial dos taludes.
- Minimizando os cortes, valendo-se de níveis diferenciados de escavações, acompanhando a declividade das encostas.

Faz sentido uma classificação dos solos tropicais para fins de escavação?

- O problema das descontinuidades em solos saprolíticos.
- A importância da descrição qualitativa do material *in situ*.
- A necessidade de introduzir novos ensaios para caracterizar os solos saprolíticos.

Como direcionar as investigações geológico-geotécnicas?

- Para os solos lateríticos, valer-se da Mecânica dos Solos e, para os solos saprolíticos, recorrer à Mecânica das Rochas.
- Valer-se da Geologia de Engenharia e do método observacional.

Porque se divulga tão pouco os casos de obras no Brasil, relacionadas com escavações a céu aberto?

- Carência de informações quanto à influência da água subterrânea na estabilidade de escavações em solos saprolíticos.

Referências Bibliográficas

ABMS; ABGE Cadastro geotécnico das barragens da Bacia do Alto Paraná - In: SIMPÓSIO SOBRE A GEOTECNIA DA BACIA DO ALTO PARANÁ, São Paulo, 1983. *Proceedings...*

ALMEIDA, M. S. S.; EHRLICH, M.; CARIN, P. R. V.; SOARES, M. M.; LACERDA, W. A.; VELLOSO, D. A. Discussion in the movements and stability of subway excavation in Rio de Janeiro. In: PANAMERICAN CONFERENCE ON SOIL MECHANICS AND FOUNDATION ENGINEERING, 6., Lima, 1979. *Proceedings...*

ALONSO, U. R. Comunicação pessoal. 1984.

de ÁVILA, J. P.; BICUDO, R. I.; PIERRE, L. F. *Main Brazilian dams: design, construction and performance.* São Paulo: CBCD/ICOLD, 1982.

BARLEY, A. D. The single bore multiple anchor system. In: INTERNATIONAL CONFERENCE ON GROUND ANCHORS AND ANCHORED STRUCTURES, London, 1997. *Proceedings...*

BATTEN, M.; POWRIE, W. Measurement and analysis of temporary prop loads at Canary Wharf underground station, East London. *Geotechnical Engineering*, London, n° 143, 2000.

BJERRUM, L. et al. Measuring instruments for strutted excavations. *Norwegian Geotechnical Institute Publication*, Oslo, n° 64, 1965.

BJERRUM, L. Earth pressures on flexible structured. In: EUROPEAN CONFERENCE ON SOIL MECHANICS AND FOUNDATION ENGINEERING, 5., Madrid, 1972. *Proceedings...*

BRAND, E. N. Analysis and design in residual soils. In: SPECIALTY CONFERENCE-ENGINEERING AND CONSTRUCTION IN TROPICAL AND RESIDUAL SOILS, Honolulu, 1982. *Proceedings...*

Referências Bibliográficas

CARLSTRON, C.; GAMA, G. Comunicação pessoal. 1983.

CARVALHO, C. S. *Estudos da infiltração em encostas de solos insaturados na Serra do Mar.* Dissertação de Mestrado, USP, São Paulo, 1989.

COMPANHIA DO METROPOLITANO DE SÃO PAULO. *NC-03: normas técnicas complementares (revisão).* São Paulo, 1980.

D'APPOLONIA, D. J. Effects of foundation construction on nearby and structures. In: PANAMERICAN CONFERENCE ON SOIL MECHANICS FOUNDATION ENGINEERING, 4., Puerto Rico, 1971. *Proceedings...*

DEERE, D. V. Seepage and stability problems in deep cuts in residual soils, Charlotte, N.C. In: AMERICAN RAILWAY ENGINEERING ASSOCIATION, X, 1957. *Proceedings...*

DEERE, D. V.; PATTON, F. D. Slope stability in residual soils. PANAMERICAN CONFERENCE ON SOIL MECHANICS AND FOUNDATION ENGINEERING, 4., Puerto Rico, 1971. *Proceedings...*

EISENSTEIN, Z.; VERSKU, A.; BURMAN, I.; ZALSZUPIN, R. Analysis of closed adjacent shafts. In: INTERNATIONAL CONFERENCE ON NUMERICAL METHODS IN GEOMECHANICS, 4., Edmonton, 1982. *Proceedings...*

FALCONI, F. F; ZACLIS, E.; CORRÊA, C. N.; ROCHA, L. M. B. Adaptação do método construtivo de uma estrutura de contenção de 15 m de altura sobre tubulões, executada de forma invertida. In: SEMINÁRIO DE ENGENHARIA DE FUNDAÇÕES ESPECIAIS E GEOTECNIA, 4., São Paulo, 2000. *Anais...*

FERRARI, O. A. *Um estudo sobre os resultados dos testes fundamentais para o atirantamento provisório no solo de São Paulo.* Dissertação de Mestrado, USP, São Paulo, 1980.

FLINTOFF, W. T.; ODWLAND, J. Excavation design in residual soil slopes. In: SPECIALTY CONFERENCE-ENGINEERING AND CONSTRUCTION in TROPICAL AND RESIDUAL SOILS, 14., Honolulu, 1982. *Proceedings...*

GAIOTO, N.; QUEIROZ, R. C. Taludes naturais em solos. In: CINTRA, J. C. A.; ALBIERO J. H. (Org.). *Solos do interior de São Paulo.* São Paulo: ABMS (Associação Brasileira de Mecânica dos Solos), 1993.

GERSCOVICH, D.; COSTA, H. Drainage and surface protection. In: ORTIGÃO, J. A. R.; SAYÃO, A. S. F. J. (Org.). *Handbook of slope stabilization.* Heidelberg: Springer Verlag, 2004.

GIDIGASU, M. D. Degree of weathering In the Identification of lateritic material for engineering purposes. *A Review Engineering Geology*, Amsterdam, v. 8, n° 3, 1974.

GRIM, R. E.; BRADLEY, W. F. Clay mineral composition and properties of deep residual soils from São Paulo, Brazil. In: PANAMERICAN CONFERENCE ON SOIL MECHANICS AND FOUNDATION ENGINEERING, 2., S. Paulo, 1963. *Proceedings...*

HABIRO, H.; BRAGA, A. S. A. Comunicação pessoal, através do texto: *Escavações para a implantação de edifícios* (não publicado), 1984.

IGNATIUS, S. G. Solos tropicais: proposta de índice classificatório. *Revista Solos e Rochas*, São Paulo, v. 14, n° 2, 1991.

JUCA, J. F. T. *Influência de escavações nos recalques em edificações vizinhas.* Dissertação de Mestrado " UFRJ. Rio de Janeiro, 1981.

JUCA, J. F. T. Recalques de edificações próximas a escavações escoradas no metrô do Rio de Janeiro. In: CONGRESSO BRASILEIRO DE MECÂNICA DOS SOLOS E ENGENHARIA DE FUNDAÇÕES, 7., Recife, 1982. *Anais...*

KAJI, N.; VASCONCELOS, M. L.; GUEDES, M. G. Aspectos metodológicos das investigações geológicas e geotécnicas no arenito Bauru. In: CONGRESSO BRASILEIRO DE GEOLOGIA DE ENGENHARIA, 3., Itapema, 1981. *Anais...*

KANJI, M. A. Geologic factors in slope stability. In: ORTIGÃO, J. A. R.; SAYÃO, A. S. F. J. (Org.). *Handbook of slope stabilization.* Heidelberg: Springer Verlag, 2004.

KOSHIMA, A. Estudos geotécnicos em materiais brandos: caso de um arenito do grupo Bauru cortado por um canal. Dissertação de Mestrado, USP, São Paulo, 1982.

LEROUIEL, S.; VAUGHAN, P. R. The general and congruent effects of structure in natural soils and weak rocks. *Géotechnique*, London, v. 40, n° 3, 1990.

LITTLE, A. L. The engineering classification of residual tropical soils. In: SPECIAL SESSION ON THE ENGINEERING PROPERTIES OF LATERITIC SOILS, X., Mexico, 1969. *Proceedings...*

LUMB, P. The properties of decomposed granite. *Géotechnique*, London. v. 12, n° 3, 1962.

LUMB, P. Slopes and excavations. In: ASIAN REGIONAL CONFERENCE ON SOIL MECHANICS AND FOUNDATION ENGINEERING, 6., Singapore, 1979a. *Proceedings...*

LUMB, P. Building foundation in Hong Kong. In: ASIAN REGIONAL CONFERENCE ON SOIL MECHANICS AND FOUNDATION ENGINEERING, 6., Singapore, 1979b. *Proceedings...*

MAFFEI, C. E. M.; ANDRÉ, J. C.; CIFÚ, S. Method for calculating braced excavation. In: INTERNATIONAL SYMPOSIUM OF SOIL STRUCTURE INTERACTION, UNIVERSITY OF ROORKEE, X., Roorkee, 1977.

MANSUR, C. 1.; ALIZADEH, M. Tiebacks in clay to support sheeted excavation. *Journal of Soil Mechanics and Foundation Division*, New York, v. 96, n° 2, 1970.

MARTINS, M. C. R.; SOUSA PINTO, C.; DIB, P. S. Os diagramas de empuxos aparentes em escoramentos de argilas porosas. In: CONGRESSO BRASILEIRO DE MECÂNICA DOS SOLOS E ENGENHARIA DE FUNDAÇÕES, 5., São Paulo, 1974. *Anais...*

MARTINS, M. C. R. Observações de fluência em ancoragens injetadas em solos da cidade de São Paulo. In: CONGRESSO BRASILEIRO DE MECÂNICA DOS SOLOS E ENGENHARIA DE FUNDAÇÕES, 7., Recife, 1982. *Anais...*

MARZIONNA, J. Sobre a análise estática de valas e a determinação da ficha de paredes de contenção. In: CONGRESSO BRASILEIRO DE MECÂNICA DOS SOLOS E ENGENHARIA DE FUNDAÇÕES, 6., Rio de Janeiro, 1978. *Anais...*

MARZIONNA, J. *Sobre o cálculo estático de valas.* Dissertação de Mestrado, USP, São Paulo, 1979.

MARZIONNA, J. Comunicação pessoal. 1984.

MARZIONNA, J.; MAFFEI, C. E. M.; FERREIRA, A. A.; CAPUTO, A. N. Análise, projeto e execução de escavações e contenções. In: *Fundações: teoria e prática.* São Paulo: PINI, 1998.

MASSAD, F. Características geotécnicas das argilas porosas vermelhas de São Paulo. In: CONGRESSO BRASILEIRO DE MECÂNICA DOS SOLOS E ENGENHARIA DE FUNDAÇÕES, 5., São Paulo, 1974. *Anais...*

MASSAD, F. *Efeito da temperatura nos empuxos de terra sobre escoramentos de valas.* Tese de Doutorado, USP, São Paulo, 1978a.

MASSAD, F. A Influência do método construtivo no desenvolvimento dos recalques do terreno, nas valas escavadas a céu aberto do metrô de São Paulo, escoradas com paredes flexíveis.

In: CONGRESSO BRASILEIRO DE MECÂNICA DOS SOLOS E ENGENHARIA DE FUNDAÇÕES, 6., Rio de Janeiro, 1978b. *Anais...*

MASSAD, F. Quantificação do efeito da temperatura nas estroncas de valas escoradas. In: CONGRESSO PANAMERICANO DE MECÂNICA DOS SOLOS E ENGENHARIA DE FUNDAÇÕES, 6., Lima, 1979a. *Anais...*

MASSAD, F. Inclusão do efeito da temperatura no cálculo das cargas nas estroncas, em escoramentos com paredes flexíveis. In: CONGRESSO PANAMERICANO DE MECÂNICA DOS SOLOS E ENGENHARIA DE FUNDAÇÕES, 6., Lima, 1979b. *Anais...*

MASSAD, F. A pré-compressão de estroncas em valas escoradas. In: CONGRESSO PANAMERICANO DE MECÂNICA DOS SOLOS E ENGENHARIA DE FUNDAÇÕES, 6., Lima, 1979c. *Anais...*

MASSAD, F. Resultados de investigação laboratorial sobre a deformabilidade de alguns solos do terciário da cidade de São Paulo. In: SIMPÓSIO BRASILEIRO DE SOLOS TROPICAIS EM ENGENHARIA, Rio de Janeiro, 1981a. *Anais...*

MASSAD, F.; NIYAMA, S.; ALLEONI, N. A. O. Análise de provas de carga horizontais em tubulões executados num solo laterítico. In: SIMPÓSIO BRASILEIRO DE SOLOS TROPICAIS EM ENGENHARIA, Rio de Janeiro, 1981b. *Anais...*

MASSAD, F. Engineering properties of two layers of lateritic soils from São Paulo city, Brazil. In: INTERNATIONAL CONFERENCE ON GEOMECHANICS IN TROPICAL LATERITIC AND SAPROLITIC SOILS, 1., Brasilia, 1985a. *Proceedings...*

MASSAD, F.; TEIXEIRA, H. R. Deep cut on saprolitic soils conditioned by relict structures. In: INTERNATIONAL CONFERENCE ON GEOMECHANICS IN TROPICAL LATERITIC AND SAPROLITIC SOILS, 1., Brasilia, 1985b. *Proceedings...*

MASSAD, F. Excavations in tropical lateritic and saprolitic soils. Topic of the report of the committee on tropical soils of ISSMFE. In: INTERNATIONAL CONFERENCE ON GEOMECHANICS IN TROPICAL LATERITIC AND SAPROLITIC SOILS, 1., Brasilia, 1985c. *Proceedings...*

MASSAD, F. Braced excavations in lateritic and weathered sedimentary soils. In: INTERNATIONAL CONFERENCE ON SOIL MECHANICS AND FOUNDATION ENGINEERING, 11., San Francisco, 1985d. *Proceedings...*

MASSAD, F.; PINTO, C. S.; NADER, J. J. Resistência e deformabilidade. In: *Solos da cidade de São Paulo*. São Paulo: ABMS (Associação Brasileira de Mecânica dos Solos) e ABEF (Associação Brasileira de Engenharia de Fundações e Serviços Geotécnicos Especializados), 1992.

MELLO, J. L. S. (Org.). *Main Brazilian dams: design, construction and performance*. São Paulo: CBDB/ICOLD, 2000. v. 2.

de MELLO, V. F. B. Thoughts on soil engineering applicable to residual soils. In: SOUTHEAST ASIAN CONFERENCE ON SOIL ENGINEERING, 3., Hong Kong. 1972. *Proceedings...*

MITCHELL, J. K.; SITAR, N. Engineering properties of tropical soils. In: SPECIALTY CONFERENCE AND CONSTRUCTION IN TROPICAL AND RESIDUAL SOILS, Honolulu, 1982. *Proceedings...*

NAKAO, H. Comunicação pessoal. 1984.

NIYAMA, S.; SAMARA, V.; MORAES, J. T. L.; XAVIER, M. S.; MASSAD, F. Observação do comportamento de uma escavação em solo mole, através de instrumentação. In: CONGRESSO BRASILEIRO DE MECÂNICA DOS SOLOS E ENGENHARIA DE FUNDAÇÕES, 7., Recife, 1982. *Anais...*

NOGAMI, J. S. *Principais rochas de interesse à engenharia civil.* São Paulo: EPUSP, 1977.

NOGAMI, J. S.; VILLIBOR, D. F. Uma nova classificação de solos para finalidades rodoviárias. In: SIMPÓSIO BRASILEIRO DE SOLOS TROPICAIS EM ENGENHARIA, Rio de Janeiro, 1981. *Anais...*

NUNES, A. J. C.; DRINGENBERG, G. E.; MOTTA, M. C. Ancoragens protendidas para evitar recalques excessivos. In: PANAMERICAN CONFERENCE ON SOIL MECHANICS AND FOUNDATION ENGINEERING, 6., Lima, 1979. *Proceedings...*

de OLIVEIRA, H. Open excavation in residual soils derived from gneiss. Contribution presented to the panel of division III (unpublished). In: PANAMERICAN CONFERENCE ON SOIL MECHANICS AND FOUNDATION ENGINEERING, 3., Caracas, 1967. *Proceedings...*

O'ROURKE, T. D.; CORDING, E. J. Observed loads and displacements for a deep subway excavation. In: R.E.T.C., X., 1974a. *Proceedings...*

O'ROURKE, T. D.; CORDING, E. J. The histories of loads and displacements for a deep excavation in a mixed soil profile. *Transportation Research Record*, n° 517, 1974b.

PECK, R. B. Deep excavations and tunneling in soft ground. In: INTERNATIONAL CONFERENCE ON SOIL MECHANICS AND FOUNDATION ENGINEERING, 7., Mexico, 1969. *Proceedings...*

PECK, R. B. Investigating residual metamorphics for tunnels. In: INTERNATIONAL CONFERENCE ON SOIL MECHANICS AND FOUNDATION ENGINEERING, 10., Stockholm, 1981. *Proceedings...*

PEDROSA, J. A. Comunicação pessoal. 1984.

PENNA, A. S. D. Estudo das propriedades das argilas da cidade de São Paulo aplicado a engenharia de fundações. Dissertação de Mestrado, USP, São Paulo, 1982.

PICHLER, E. Regional study of the soils from São Paulo, Brazil. In: INTERNATIONAL CONFERENCE ON SOIL MECHANICS AND FOUNDATION ENGINEERING, 2., Rotterdam, 1948. *Proceedings...*

PIMENTA, C., BERTOLUCCI, J. C.; LOZANO, M. H. Escavação experimental em arenito Bauru. In: CONGRESSO BRASILEIRO DE GEOLOGIA DE ENGENHARIA, 3., Itapema, 1981. *Anais...*

QUEIROZ, L. A. Discussion on mechanism of development of slips in embankments and slopes. In: INTERNATIONAL CONFERENCE ON SOIL MECHANICS AND FOUNDATION ENGINEERING, 6., Montreal, 1965. *Proceedings...*

RANZINI, S. M.; NEGRO, A. Obras de contenção: tipos, métodos construtivos, dificuldades executivas. In: *Fundações: teoria e prática.* São Paulo: PINI, 1998.

RICOMINI. *O rift continental do Sudeste do Brasil.* Tese de Doutorado, USP, São Paulo, 1989.

RODRIGUES, J. E.; ZUQUETTE, L. V.; GANDOLFI, N. Mapeamento geotécnico da região Centro-Leste do Estado de São Paulo. In: CINTRA, J. C. A.; ALBIERO, J. H. (Org.). *Solos do interior de São Paulo.* São Paulo: ABMS (Associação Brasileira de Mecânica dos Solos), 1993.

SILVA, R. F. Geologia geral do Canal de Pereira Barreto. In: SEMANA PAULISTA DE GEOLOGIA APLICADA, 1., São Paulo, 1969. *Anais...*

SIMMONS, J. V. Comunicação pessoal. 1985.

SOARES, M. M. Cálculo de paredes diafragma multi-escoradas em presença de argila. Tese de Doutorado, UFRJ, Rio de Janeiro, 1981.

SOARES, M. M. Comunicação pessoal. 1984.

SOUSA PINTO, C.; MASSAD, F.; MARTINS, M. C. R. *Comportamento do escoramento numa escavação de São Paulo.* Seção Experimental número 1. São Paulo: Instituto de Pesquisas Tecnológicas, 1972. Publicação 963.

SOUSA PINTO, C. Comunicação pessoal, 1971.

SOUSA PINTO, C.; MASSAD, F. *Características dos solos variegados da cidade de São Paulo.* São Paulo: Instituto de Pesquisas Tecnológicas, 1972. Publicação 984.

SOUSA PINTO, C.; NADER, J. J. Ensaios de laboratório em solos residuais. In: SEMINÁRIO DE ENGENHARIA DE FUNDAÇÕES ESPECIAIS, 2., São Paulo, 1991. *Anais...*

SOUSA PINTO, C.; GOBARA, W.; PERES, J. E. E.; NADER, J. J. Propriedades dos solos residuais. In: CINTRA, J. C. A.; ALBIERO, J. H. (Org.). *Solos do interior de São Paulo.* São Paulo: ABMS (Associação Brasileira de Mecânica dos Solos) e ABEF (Associação Brasileira de Engenharia de Fundações e Serviços Geotécnicos Especializados), 1993.

SOUTO SILVEIRA, E. B. Metrô e túneis em solos. In: CONGRESSO BRASILEIRO DE MECANICA DOS SOLOS E ENGENHARIA DE FUNDAÇÕES, X., São Paulo, 1974. *Anais...*

SOWERS, G. F. Engineering properties of residual soils derived from igneous and metamorphic rocks. In: PANAMERICAN CONFERENCE ON SOIL MECHANICS AND FOUNDATION ENGINEERING, 2., São Paulo, 1963. *Proceedings...*

SOWERS, G. F. Landslides in weathered volcanics in Puerto Rico. In: PANAMERICAN CONFERENCE ON SOIL MECHANICS AND FOUNDATION ENGINEERING, 4., Puerto Rico, 1971. *Proceedings...*

STROBL, T. Dados preliminares sobre os ensaios de tirantes em solos realizados no Rio de Janeiro. In: SEMANA PAULISTA DE GEOLOGIA APLICADA, 2., São Paulo, 1970. *Anais...*

ST. JOHN, B. J.; SOWERS, G. F.; WEAVER, C. H. E. Slickensides in residual soils and their engineering significance. In: INTERNATIONAL CONFERENCE ON SOIL MECHANICS AND FOUNDATION ENGINEERING, 7., Mexico, 1969. *Proceedings...*

STROUD, M.; HUTCHINSON, M. T.; ST. JOHN, H. T.; YARWOOD, N. G. A.; YEOW, H. Loads on struts in excavations. *Geotechnical Engineering, Institution of Civil Engineers*, London, nº 107, 1994.

SWEENEY, D. J. Some *in situ* soil suction measurements in Hong Kong's residual soils. In: SOUTH EAST ASIAN GEOTECHNICAL CONFERENCE, 7., Hong Kong, 1982. *Proceedings...*

SWEENEY, D. J.; FREDLUND, D. G. *Increase in factor of safety due to soil suction for two Hong Kong slopes.* Saskatchewan: Department of Civil Engineering, University of Saskatchewan, 1984.

TERZAGHI, K.; PECK, R. B. Lateral supports in open cuts. In: *Soil mechanics in engineering pratice.* New York: John Wiley, 1967.

TWINE, D.; ROSCOE, H. *Prop loads: guidance on design.* CIRIA Report C517. London, 1997.

UEHARA, G. Soil science for the tropics. In: SPECIALTY CONFERENCE " ENGINEERING AND CONSTRUCTION IN TROPICAL AND RESIDUAL SOILS, Honolulu, 1982. *Proceedings...*

UTIYAMA, H.; NOGAMI, J. S.; CORRÊA, F. C.; VILIBOR, D. F. Pavimentação econômica: solo arenoso fino. *Revista do DER*, São Paulo, n° 124, 1977.

VARGAS, M. Some engineering properties of residual clay soils occurring in Southern-Brazil". In: INTERNATIONAL CONFERENCE ON SOIL MECHANICS AND FOUNDATION ENGINEERING, 3., Zurich, 1953. *Proceedings...*

VARGAS, M. Estabilização de taludes em encostas de gnaisses decompostos. In: CONGRESSO BRASILEIRO DE MECÂNICA DOS SOLOS E ENGENHARIA DE FUNDAÇÕES, 3., Belo Horizonte, 1966. *Anais...*

VARGAS, M. Structurally unstable soils in Southern Brazil. In: INTERNATIONAL CONFERENCE ON SOIL MECHANICS AND FOUNDATION ENGINEERING, 8., Moscou, 1973. *Proceedings...*

VARGAS, M. Engineering properties of residual soils from Southern-Central Region of Brazil. In: INTERNATIONAL CONGRESS OF THE INTERNATIONAL ASSOCIATION ENGINEERING GEOLOGY, 2., São Paulo, 1974. *Proceedings...*

VARGAS, M. *Introdução à Mecânica dos Solos*. São Paulo: Mc Graw Hill, 1977.

VARGAS, M. The concept of tropical soils. In: INTERNATIONAL CONFERENCE ON GEOMECHANICS IN TROPICAL LATERITIC AND SAPROLITIC SOILS, 1., Brasilia, 1985. *Proceedings...*

VAUGHAN, P. R. Mechanical and hydraulic properties of *in situ* residual soils. Topic of the report of the committee on tropical soils of ISSMFE. In: INTERNATIONAL CONFERENCE ON GEOMECHANICS IN TROPICAL LATERITIC AND SAPROLITIC SOILS, 1., Brasilia, 1985. *Proceedings...*

VELLOSO, D.; LOPES, F. R. Concepção de obras de fundações. In: *Fundações: teoria e prática*. São Paulo: PINI, 1998.

WIRTH, J. L.; ZERGLES, E. J. Residual soils experience on the Baltimore Subway. In: SPECIALTY CONFERENCE ENGINEERING AND CONSTRUCTION IN TROPICAL AND RESIDUAL SOILS, Honolulu, 1982.

WOLLE, C. M. Slope stability. In: INTERNATIONAL CONFERENCE ON GEOMECHANICS IN TROPICAL LATERITIC AND SAPROLITIC SOILS, 1., Brasilia, 1985. *Progress Report...*

WOLLE, C. M.; da SILVA, L. C. R. Taludes. In: *Solos da cidade de São Paulo*. São Paulo: ABMS (Associação Brasileira de Mecânica dos Solos) e ABEF (Associação Brasileira de Engenharia de Fundações e Serviços Geotécnicos Especializados), 1992.